农作物病虫害原色图谱丛书

玉米病虫害原色图谱

王　燕　主编

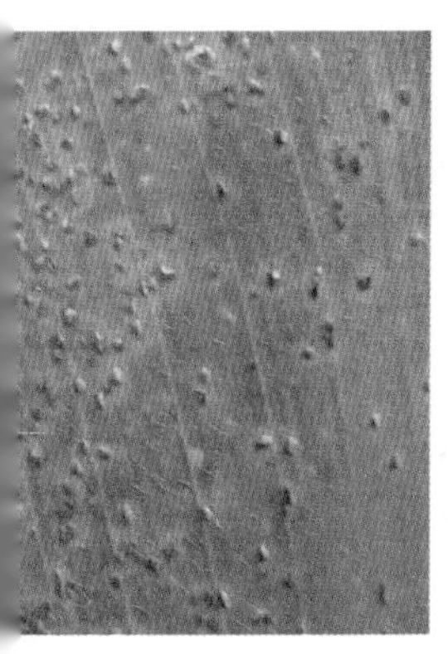

河南科学技术出版社
·郑州·

图书在版编目（CIP）数据

玉米病虫害原色图谱 / 王燕主编. — 郑州：河南科学技术出版社，2017.6（2018.12重印）
（农作物病虫害原色图谱丛书）
ISBN 978-7-5349-8365-8

Ⅰ. ①玉… Ⅱ. ①王… Ⅲ. ①玉米—病虫害防治—图集 Ⅳ. ①S435.13-64

中国版本图书馆CIP数据核字（2016）第313823号

出版发行：河南科学技术出版社
地址：郑州市金水东路39号　邮编：450016
电话：（0371）65737028　65788613
网址：www.hnstp.cn
策划编辑：周本庆　陈淑芹　杨秀芳　编辑信箱：hnstpnys@126.com
责任编辑：李义坤
责任校对：李振方
装帧设计：张德琛　杨红科
责任印制：张艳芳
印　　刷：洛阳和众印刷有限公司
经　　销：全国新华书店
幅面尺寸：148 mm × 210 mm　印张：5.625　字数：160千字
版　　次：2017年6月第1版　2018年12月第3次印刷
定　　价：32.00 元

内容提要

本书共精选对玉米产量和品质影响较大的48种主要病虫害原色图片近300张，重点突出病害田间发展和虫害不同时期的症状识别特征，并详细介绍了每种病虫害的分布区域、症状（形态）特征、发生规律及防治措施。

本书图文并茂、言简意赅、通俗易懂，适合各级农业技术人员和广大农民群众阅读。

农作物病虫害原色图谱丛书

编撰委员会

总编撰：吕国强

委　员：赵文新　张玉华　彭　红　王　燕　李巧芝　王朝阳
胡　锐　朱志刚　邢彩云　柴俊霞

《玉米病虫害原色图谱》

编写人员

主　编：王　燕

副主编：李大勇　吴利民　代保平　段来成　李亚萍　武汗青
马文祥　杨爱华　刘金文　王燕峰　张玉乐　武新梅
王爱萍　原一桐

编　者：马文祥　王　燕　王爱萍　王燕峰　代保平　刘杏怡
刘金文　李大勇　李亚萍　杨爱华　吴利民　吴乾坤
张玉乐　张罗朝　武汗青　武新梅　岳俊辉　周艳丽
胡利红　段来成　原一桐　徐永伟　焦献平

总 序

我国是世界上农业生物灾害发生严重的国家之一，常年发生的为害农作物有害生物（病、虫、鼠、草）1 700 多种，其中可造成严重损失的有 100 多种，有 53 种属于全球 100 种最具危害性的有害生物。许多重大病虫害一旦暴发成灾，不仅危害农业生产，而且影响食品安全、人身健康、生态环境、产品贸易、经济发展乃至公共安全。马铃薯晚疫病、水稻胡麻斑病、小麦条锈病的跨区流行和东亚飞蝗、稻飞虱、稻纵卷叶螟的暴发危害都曾给农业生产带来过毁灭性的损失；小麦赤霉病和玉米穗腐病不仅影响粮食产量，其病原菌产生的毒素还可导致人畜中毒和致癌、致畸。专家预测，未来相当长时期内，农作物病虫害发生将呈持续加重态势，监测防控任务会更加繁重。《国家粮食安全中长期规划纲要（2008—2020 年）》提出，要通过加大病虫监测和防控工作力度，到 2020 年，使病虫危害的损失再减少一半，每年再多挽回粮食损失 1 000 万 t。农业部于 2015 年启动了“到 2020 年农药使用量零增长行动”，对植保工作提出了新的要求。在此形势下，迫切需要增强农业有害生物防控能力，科学有效地控制其发生和为害，确保人与自然和谐发展。

河南地处中原，气候温和，是我国大区域流行性病害和远距离迁飞性害虫的重发区，农作物病虫害种类多，发生面积大，暴发性强，成灾频率高，据不完全统计，每年各种病虫害发生面积达 6 亿亩次以上，占全国的 1/10，对农业生产威胁极大。近年来，受全球气候变暖、耕作制度变化、农产品贸易频繁等多因素的综合影响，主要农作物病虫害的发生情况出现了重大变化，常发病虫害此起彼伏，新的发生不断传入，田间危害损失呈逐年加重趋势。而另一方面，由于病虫防控时效性强，技术要求高，加之目前我国从事农业生产的劳动者，多数不具备病虫害识别能力，因混淆病虫害而错用或误用农药造成防效欠佳、残留超标、污染加重的情况时有发生，迫切需要一部浅显易懂、图文并茂的专业图书，来指导农民科学防控病虫害。鉴于此，我们组织省内有关专家编写了这套农作物病虫害原色图谱丛书。

该套丛书分《小麦病虫害原色图谱》《玉米病虫害原色图谱》《水稻病虫害原色图谱》《大豆病虫害原色图谱》《花生病虫害原色图谱》《棉花病虫害原色图谱》《蔬菜病虫害原色图谱》7 册，共精选 350 种病虫害原色图片 2 000 多张，在图片选择上，突出病害田间发展和害虫不同时期的症状识别特征，同时，还详细介绍了每种病虫的分布区域、形态 (症状) 特点、发生规律及综合防治技术，力求做到内容丰富，图片清晰、图文并茂，科学实用，适合各级农业技术人员和广大农民阅读，也可作为植保科研、教学工作者参考。

农作物病虫害原色图谱丛书是 2015 年河南省科技著作项目资助出版，得到了河南省科学技术厅与河南省科学技术出版社的大力支持。河南省植保推广系统广大科技人员通力合作，深入生产第一线辛勤工作，为编委会提供了大量基础数据和图片资料，河南农业大学、河南农业科学院有关专家参与了部分病虫害图片的鉴定工作，在此一并致谢！

希望这套系列图书的出版对于推动我省乃至我国植保事业的科学发展发挥积极作用。

河南省植保植检站副站长、研究员

河南省植物病理学会副理事长　吕国强

2016 年 8 月

前言

玉米，学名玉蜀黍，俗称棒子、玉茭、苞米、苞谷，原产于拉丁美洲的墨西哥和秘鲁沿安第斯山山麓一带。哥伦布发现美洲大陆后，在第二次归程(1499年)中，把玉米带到西班牙。随着世界航海业的发展，玉米逐渐传到了世界各地，成为最重要的粮食作物之一。随着经济社会的发展，玉米的用途不断得到开发，不仅可以作为粮食和重要的饲料作物，还可以作为工业原料和能源作物，甜玉米、糯玉米还是经济和果蔬类作物。近年来，玉米在我国种植面积稳定在4.5亿~4.6亿亩，已位居粮食作物的首位，其生产的丰歉直接影响到我国粮食安全和农业生产的稳定。

玉米在生产过程中受到多种生物和非生物因素的影响，其中病虫害的发生与流行是直接影响玉米产量和品质的重要因素之一。据资料记载，在我国玉米生产中发生的病害有30余种、虫害有250种，其中发生频率高、危害严重的有20余种。每年因各类生物灾害，损失玉米约1 000万t。近年来，受气候变化、耕作制度改变及品种更新换代的综合影响，玉米病虫害呈加重发生的趋势。而与此同时，面对种类繁多、为害严重的病虫害，基层农技人员和农民群众缺乏识别和诊断能力，往往延误最佳防治时机，造成不必要的经济损失。鉴于此，为指导干部群众科学防控病虫害，我们在认真总结以往经验的基础上，编撰了这本《玉米病虫害原色图谱》。

本书共精选对玉米产量和品质影响较大的48种主要病虫害原色图片300多张，重点突出病害田间发展和虫害不同时期的症状、识别特征，并详细介绍了每种病虫的分布为害、 症状(形态)特征、发生规律及防治措施。

本书图文并茂、言简意赅、通俗易懂，适合各级农业技术人员和广大农民群众阅读。

在本书的编写过程中，得到了河南省植保推广系统广大科技人员的大力支持，在此一并致谢！由于编著时间仓促，书中可能存在不当之处，敬请读者批评指正。

编者

2015年10月

目录

第一部分 玉米病害

一、玉米弯孢霉叶斑病

分布与为害

玉米弯孢霉叶斑病广泛分布于华北地区玉米产区，是玉米主要叶部病害之一。主要发生在玉米生长中、后期，抽雄穗后病害迅速扩展蔓延，严重时造成叶片枯死，导致产量损失，重病田可减产30%以上（图1）。

图1 玉米弯孢霉叶斑病大田为害状

症状特征

玉米弯孢霉叶斑病主要为害叶片，也能侵染叶鞘和苞叶。发病初期，叶片上出现水渍状褪绿斑点（图 2），后逐渐扩大成圆形或椭圆形，病斑大小一般为（1~2）mm × 2 mm。感病品种上病斑可达（4~5）mm ×（5~7）mm，且常连接成片引起叶片枯死。病斑中心枯白色，周围红褐色（图 3），感病品种外缘具褪绿色或淡黄色晕环（图 4）。在潮湿的条件下，病斑正、反两面均可产生灰黑色霉状物。

图 2　玉米弯孢霉叶斑病初期症状：水渍状褪绿斑点

图 3　玉米弯孢霉叶斑病病斑：中心枯白色，周围红褐色

图 4　玉米弯孢霉叶斑病病斑：外缘具褪绿色或淡黄色晕环

发生规律

玉米弯孢霉叶斑病病菌以菌丝体或分生孢子在病残体上越冬，遗落于田间的病叶和秸秆上，是主要的初侵染源。病菌分生孢子最适萌发温度为 30~32 ℃，最适的湿度为超饱和湿度，相对湿度低于 90% 则很少萌发或不萌发。不同品种之间病情差别较大。玉米苗期对该病的抗性高于成株期，苗期少见发生，9~13 叶期易感染该病，抽雄穗后是该病的发生流行高峰期。7~8 月温度、相对湿度、降水量、连续降水日数与该病发生时期、发生为害程度密切相关。高温、高湿、连续降水，利于该病的快速流行。玉米种植过密、偏施氮肥、管理粗放、地势低洼积水和连作的地块发病重。

防治措施

该病防治着重于选用抗病品种，加强栽培管理，抓好玉米易感病期的化学防治，控制其为害。

1. 农业防治 选用抗病品种；玉米收获后及时清理病残体和枯叶，集中深埋或处理；若进行秸秆直接还田，则应深耕深翻，减少初侵染菌源；合理轮作和间作套种，合理密植，施足底肥，及时追肥以防后期脱肥，提高植株抗病力。

2. 化学防治 当田间病株率达到 10% 时，可选用 75% 百菌清可湿性粉剂，或 50% 多菌灵可湿性粉剂，或 70% 甲基硫菌灵可湿性粉剂，或 70% 代森锰锌可湿性粉剂，或 80% 福美双 · 福美锌可湿性粉剂等 500 倍液进行喷雾防治，间隔 5~7 d 喷 1 次，连续用药 2~3 次。

二、玉米褐斑病

分布与为害

玉米褐斑病在全国各玉米产区均有发生，其中在河北、山东、河南、安徽、江苏等省为害较重。主要发生在玉米生长中、后期，一般对产量影响不显著。但在一些感病品种上，该病发生严重，常导致玉米前期病叶快速干枯，造成产量损失（图 1）。

图 1　玉米褐斑病大田为害状

症状特征

玉米褐斑病主要发生在玉米叶片、叶鞘及茎秆上。病菌的初次侵染发生在小喇叭口期，在叶片上常见与叶片主脉相垂直的带状褪绿感病区，对应的主脉上生褐色隆起斑点，内有大量黄褐色粉状物，是病菌的休眠孢子囊（图 2）；叶片上病斑初期为水浸状小点，逐渐变为浅黄色，呈圆形或椭圆形，直径 1~2 mm（图 3）；在主叶脉上病斑较大，

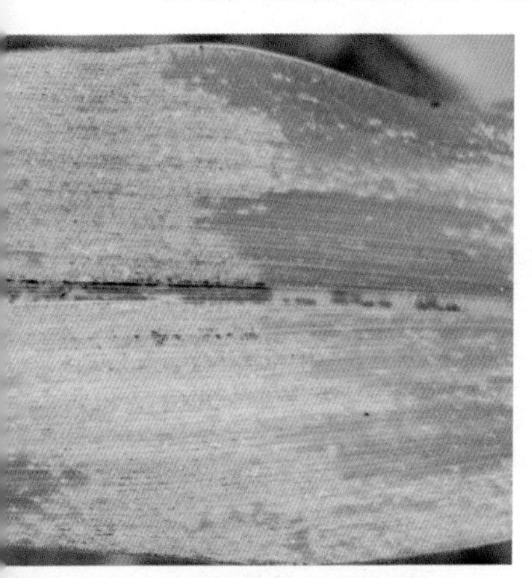

图 2 玉米褐斑病叶片上带状褪绿感病区

图 3 玉米褐斑病叶病初期为水浸状病斑

图 4 玉米褐斑病病叶主叶脉上深褐色病斑

图 5 玉米褐斑病导致叶片干枯

深褐色（图 4）；由于病斑密布叶片，常导致叶片干枯（图 5）。茎秆（图 6）和果穗下方叶鞘上病斑出现较晚，为褐色、红褐色或深褐色，病斑较大，有时相连成不规则的大块斑（图 7、图 8）。发病后期病斑表皮破裂，散出黄褐色粉末（病原菌的休眠孢子囊），病叶局部散裂，叶脉和维管束残存如丝状。

图 6　玉米褐斑病为害茎秆

图 7　玉米褐斑病为害叶鞘，深褐色病斑相连成不规则的大块斑

图 8　玉米褐斑病为害叶鞘，呈红褐色病斑

发生规律

玉米褐斑病病菌以休眠孢子囊在土壤或病残体中越冬，翌年病菌靠气流传播到玉米植株上，遇到合适条件，休眠孢子囊萌发，囊盖打开，释放出大量的游动孢子，游动孢子在叶片表面上的水滴中游动，并形成侵染丝，侵害玉米的幼嫩组织。夏玉米区一般 6 月中旬至 7 月上旬，遇阴雨天数多、降水量大时易感病；7~8 月若温度高、湿度大，阴雨天较多时，利于该病发展蔓延。在土壤瘠薄的地块，玉米叶色发黄，病害发生严重；在土壤肥力较高的地块，玉米健壮，叶色深绿，病害较轻甚至不发病。一般在玉米 8~12 片叶时易发病，12 片叶以后一般不会再发生此病害。品种间发病程度差异较大。

防治措施

1. 农业防治　种植抗耐病品种；在有条件的地区，可实行 3 年以上轮作；玉米收获后，彻底清除病残体，并深翻土壤，促使带菌秸秆腐烂，减少翌年的侵染菌源；施足底肥，适时追肥，一般应在 4~5 叶期追施苗肥，每亩可追施尿素（或氮磷钾复合肥）10~15 kg，促进植株健壮生长，提高抗病能力；栽植密度适当，及时排出田间积水，降低田间湿度。

2. 化学防治　在玉米 4~5 叶期，用 25% 三唑酮可湿性粉剂 1 500 倍液叶面喷雾，可预防该病的发生。发病时，可用 5% 三唑酮可湿性粉剂 1 000~1 500 倍液，或 50% 异菌脲可湿性粉剂 1 000~1 500 倍液，或 12.5% 烯唑醇可湿性粉剂 1 000~1 500 倍液，或 50% 多菌灵可湿性粉剂 500 倍液，喷雾。在多雨年份，应间隔 7 d 喷 1 次药，连喷 2~3 次，喷后 6 h 内遇雨应在雨后补喷。

三、玉米大斑病

分布与为害

玉米大斑病属于气流传播病害，在我国分布广泛，在东北、华北北部、西南地区等气候冷凉的玉米产区发病较重。发病严重植株叶片上产生大量病斑，影响光合作用，造成籽粒灌浆不足，粒重降低而导致产量损失。一般发生年份可造成减产 5% 左右，发生严重年份，感病品种的损失高达 20% 以上（图 1）。

图 1　玉米大斑病大田为害状

症状特征

玉米大斑病主要为害叶片，严重时也为害叶鞘和苞叶。植株下部叶片先发病，然后向上扩展。病斑长梭形，呈灰褐色或黄褐色，长5~10 cm，宽1 cm左右（图2、图3），有的病斑更大，或几个病斑相连成大的不规则形枯斑，严重时叶片枯焦（图4）。发生在感病品种上，先出现水渍状斑，很快发展为灰绿色的小斑点，病斑沿叶脉迅速扩展并不受叶脉限制，形成长梭形、中央灰褐色、边缘没有典型变色区域

图2　玉米大斑病叶病早期症状

图3　玉米大斑病病叶病斑

图4　玉米大斑病病叶多个病斑相连呈不规则焦枯状

的大型病斑（图 5）。多雨潮湿天气，病斑上可密生由病原孢子组成的灰黑色霉层（图 6）。发生在抗病品种上，病斑沿叶脉扩展，表现为褐色坏死条纹，周围有黄色或淡褐色褪绿圈（图 7），不产生或极少产生孢子。

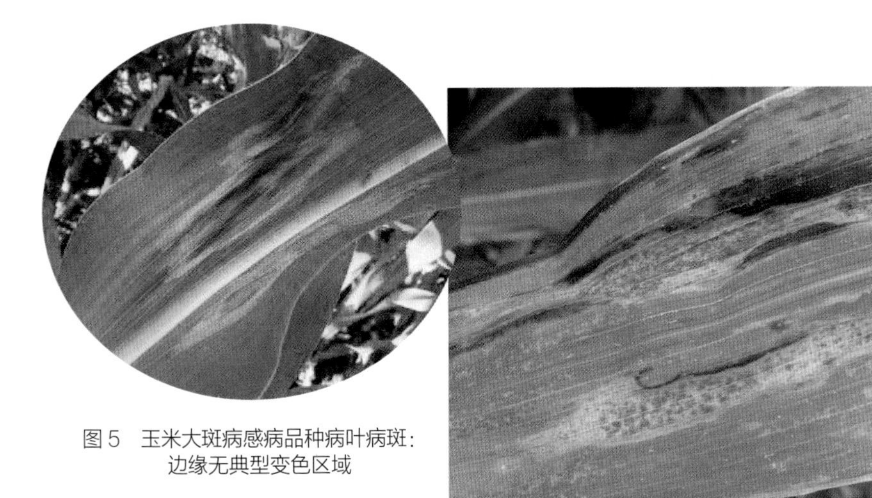

图 5　玉米大斑病感病品种病叶病斑：边缘无典型变色区域

图 6　玉米大斑病感病品种病叶病斑上灰黑色霉层

图 7　玉米大斑病感病品种病叶病斑：周围有黄色褪绿圈

发生规律

玉米大斑病病菌以其休眠菌丝体或分生孢子在病残体内越冬，成为翌年发病的初侵染源。玉米生长季节，越冬菌源产生孢子，随雨水飞溅或气流传播到玉米叶片上，遇适宜温度、湿度条件萌发入侵；经10~14 d，便可产生大量分生孢子。以后，分生孢子随风雨传播，重复侵染，造成病害流行。夏玉米7月中旬田间始见病斑。

该病的发病适温为20~25 ℃，超过28 ℃对病害有抑制作用；适宜相对湿度在90%以上。因此，在7~8月，温度偏低、多雨高湿、日照不足时，有利于病害的发生和流行。北方，6~8月气温大多适于发病，降水量是发病轻重的决定因素。

玉米播种过晚、出穗后氮肥不足、玉米连作、栽培过密、地势低洼，均有利于病害的发生流行。

防治措施

玉米大斑病的防治应采取选用抗耐病品种、加强栽培管理、重点施药保护等综合措施。

1. 农业防治 选用抗耐病品种；实行轮作倒茬制度，避免玉米连作，清除病残株及田边、村边的玉米秸秆，秋季深翻土壤，减少菌源；施足底肥，增施磷、钾肥，生长中期追施氮肥，保证后期不脱肥，提高玉米植株抗病能力；与大豆、花生、甘薯等矮秆作物间作，宽窄行种植，改善玉米田间的通风条件；合理灌溉，注意田间排水。

2. 化学防治 在玉米抽雄前后或发病初期，每亩用18.7%丙环·嘧菌酯悬乳剂50~75 g，或70%丙森锌可湿性粉剂100~150 g，或45%代森铵水剂75~100 g，每亩用药液50~75 kg喷雾，隔7~10 d喷药1次，共防治2~3次。

四、玉米小斑病

分布与为害

玉米小斑病又名玉米斑点病，是玉米生产中的重要病害之一，在我国分布广泛，主要发生在温暖潮湿的夏玉米种植区，感病品种在一般发生年份减产 10% 以上，大流行年份可减产 20%~30%。

症状特征

玉米小斑病从苗期到成熟期均可发生，玉米抽雄后发病重。主要为害叶片（图 1），也为害叶鞘和苞叶。与玉米大斑病相比，叶片上的

图 1　玉米小斑病叶片为害状

病斑明显小，但数量多。病斑初为水浸状，后变为黄褐色或红褐色，边缘颜色较深，椭圆形、圆形或长圆形，大小为（5~10）mm×（3~4）mm（图2），病斑密集时常互相连接成片，形成大型枯斑，多从植株下部叶片先发病，向上蔓延、扩展（图3）。叶片病斑形状因品种抗性不同，有三种类型。

（1）不规则椭圆形病斑，或受叶脉限制表现为近长方形，有较明显的紫褐色或深褐色边缘（图4）。

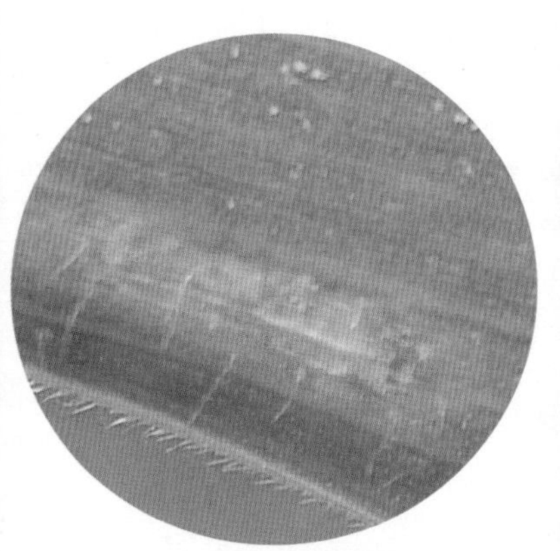

图2　玉米小斑病叶片病斑初期

图3　玉米小斑病叶片病斑密集相连成大型枯斑

图4　玉米小斑病叶片病斑受叶脉限制为近长方形

（2）椭圆形或纺锤形病斑，扩展不受叶脉限制，病斑较大，灰褐色或黄褐色，无明显深色边缘，病斑上有时出现轮纹。

（3）黄褐色坏死小斑点，基本不扩大，周围有明显的黄绿色晕圈，此为抗性病斑。

发生规律

玉米小斑病病菌主要以菌丝体在病残体上越冬，其次是在带病种子上越冬。在适宜温度、湿度条件下，越冬菌源产生分生孢子，随气流传播到玉米植株上，在叶面有水膜的条件下萌发侵入，遇到适宜发病的温度、湿度条件，经 5~7 d 即可重新产生分生孢子进行再侵染，造成病害流行。在田间，最初在植株下部叶片发病，然后向周围植株水平扩展、传播扩散，病株率达到一定数量后，向植株上部叶片扩展。

该病病菌产生分生孢子的适宜温度为 23~25 ℃，适于田间发病的日均温度为 25.7~28.3 ℃。7~8 月，如果月均温度在 25 ℃以上，雨日、雨量、露日、露量多的年份和地区，或结露时间长，田间相对湿度高，则发生重。对氮肥敏感，拔节期肥力低，植株生长不良，发病早且重。连茬种植、施肥不足，特别是抽雄后脱肥、地势低洼、排水不良、土质黏重、播种过迟等，均利于该病发生。

防治措施

玉米小斑病是通过气流传播、多次侵染的病害，且越冬菌源广泛，故应采取以抗病品种为主，结合栽培技术防病的综合措施进行防治。

1. 农业防治　种植抗病品种；玉米收获后，彻底清除田间病残株；深耕土壤，高温沤肥，杀灭病菌；施足底肥，增加磷肥，重施喇叭口肥，及时中耕灌水；加强田间管理，增强植株抗病力。

2. 化学防治　在玉米抽穗前后，病情扩展前开始喷药。喷药时先摘除基部病叶。所用药剂参见玉米大斑病化学防治。

五、玉米锈病

分布与为害

玉米锈病的主要发生区域为北方夏玉米种植区。在华东、华南、西南等南方各省也有发生，但一般对生产影响有限。发病后，叶片被橘黄色的夏孢子堆和夏孢子所覆盖，导致叶片干枯死亡，轻者减产10%~20%，重者达 30% 以上，严重地块甚至绝收（图 1）。

图 1　玉米锈病大田为害状

症状特征

玉米锈病主要发生在玉米叶片上，也能够侵染叶鞘（图 2）、茎秆（图 3）和苞叶。侵染初期，叶片两面初生淡黄白色小斑，四周有黄色晕圈（图 4），后突起形成黄褐色乃至红褐色疱斑，散生或聚生，

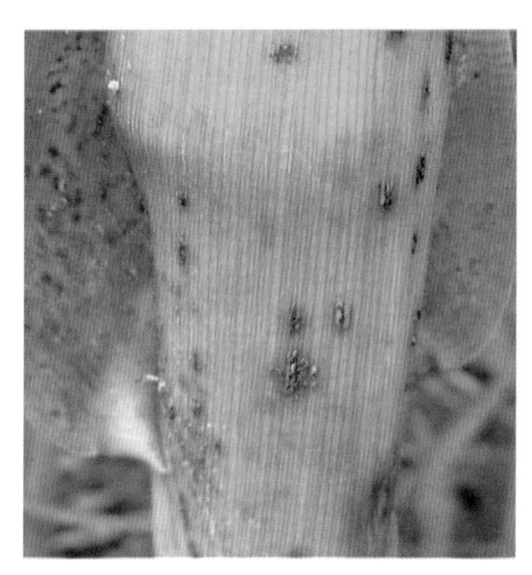

图 2　玉米锈病为害叶鞘

图 3　玉米锈病为害茎秆

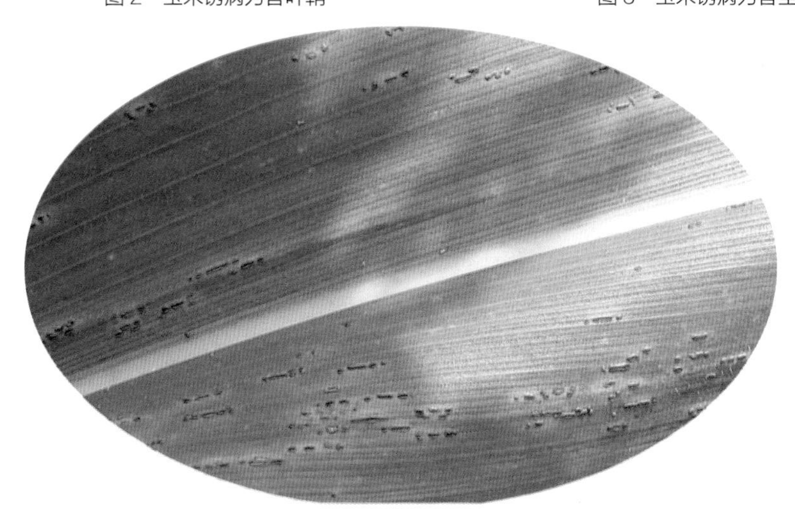

图 4　玉米锈病初期叶部症状：淡黄白色小斑及黄色晕圈

圆形或长圆形，即病菌的夏孢子堆（图 5）。孢子堆表皮破裂后，散出铁锈状夏孢子（图 6）。后期病斑或其附近又出现黑色疱斑，即病菌的冬孢子堆，长椭圆形，疱斑破裂散出黑褐色粉状物。

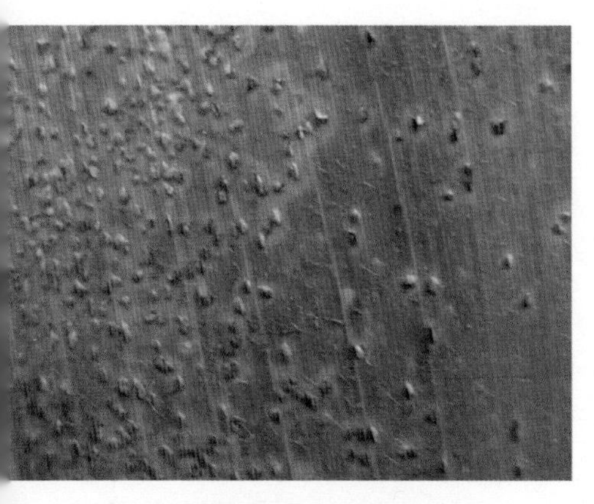

图 5 玉米锈病病叶上的夏孢子堆

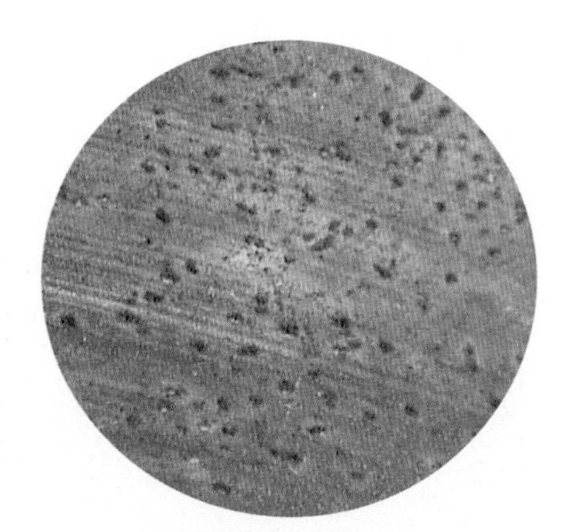

图 6 玉米锈病病叶上的孢子堆破裂散出铁锈状夏孢子

发生规律

玉米锈病病菌在南方温暖地区以夏孢子在玉米植株上越冬，翌年借气流传播成为初侵染源。田间叶片染病后，产生的夏孢子又可在田间借气流传播，进行多次再侵染，蔓延扩展。田间发病时，先从植株顶部开始向下扩展。

高温高湿或连阴雨天气有利于孢子的萌发、传播、侵染，发病重。日均温度在 27 ℃时最适宜发病。地势低洼、种植密度大、通风透气性差、偏施氮肥的地块发病重。品种间抗病性差异很大，品种的叶色、叶毛的多少与病害轻重有关，一般叶色黄、叶片少的品种发病重。

防治措施

1. 农业防治 选用抗病品种；清除田间病残体，集中深埋或烧毁，减少侵染源；施用酵素菌沤制的堆肥，增施磷、钾肥，避免偏施、过施氮肥，提高寄主抗病力；加强田间管理，适当早播，合理密植，中耕松土，适量浇水，雨后及时排渍降湿。

2. 化学防治　在发病初期，喷洒 25% 三唑酮可湿性粉剂 800~1 000 倍液，或 12.5% 烯唑醇可湿性粉剂 1 000~1 500 倍液，或 25% 丙环唑乳油 1 500 倍液，或 80% 戊唑醇可湿性粉剂 6 000 倍液，隔 10 d 左右 1 次，连续防治 2~3 次。

六、玉米顶腐病

分布与为害

玉米顶腐病多发生在辽宁、吉林、黑龙江、山东等玉米产区，局部地区发生严重。近年来，在西南、西北以及其他一些省份也有发生。苗期严重发病可引起死苗，或对植株生长造成影响，导致雄穗不能正常抽出和散粉，对产量造成一定损失（图1）。

图1　玉米顶腐病大田为害状

症状特征

玉米顶腐病从苗期到成株期都可发生。成株期发病，病株多矮小，但也有矮化不明显的，其他症状呈多样化。多数发病植株的新生叶片上部失绿，有的病株发生叶片畸形或扭曲，叶片边缘产生黄化条纹（图2），或叶片顶部腐烂并形成缺刻（图3），或顶部4~5片叶的叶尖褐色腐烂枯死（图4）；有的顶部叶片短小，残缺不全，扭曲卷裹直立呈“长

图2　玉米顶腐病病叶叶缘黄化条纹

图3　玉米顶腐病病叶叶尖腐烂并形成缺刻

图4　玉米顶腐病病叶叶尖褐色腐烂枯死

鞭状（图 5），或在形成鞭状时被其他叶片包裹不能伸展形成弓状（图 6）；有的顶部几个叶片扭曲缠结不能伸展（图 7）；有的感病叶片边缘出现刀切状缺刻（图 8）；个别植株雄穗受害，呈褐色腐烂状（图 9）。病株的根系通常不发达，主根短小，根毛细而多，呈绒状，根冠变褐色腐烂。高湿的条件下，病部出现粉白色至粉红色霉状物。

图 5　玉米顶腐病病叶叶片卷裹直立呈长鞭状

图 6　玉米顶腐病病叶叶片扭曲卷裹呈弓状

图 7　玉米顶腐病病叶叶片扭曲缠结不能伸展

图 8　玉米顶腐病病叶叶缘出现刀切状缺刻

图 9　玉米顶腐病雄穗呈褐色腐烂状

发生规律

玉米顶腐病病原菌分为镰刀菌顶腐病、细菌性顶腐病两种，在土壤、病残体和带菌种子中越冬。种子带菌可远距离传播，使发病区域不断扩大。玉米抽雄前为该病的盛发期。该病具有某些系统侵染的特征，病株产生的分生孢子还可以随风雨传播，进行再侵染。在低温、多雨高湿条件下发生严重；土质黏重、低洼冷凉地块发病重；品种间抗性差异大。

防治措施

1. 农业防治　种植抗病品种；排湿提温，铲除杂草，增强植株抗病能力；玉米大喇叭口期，要迅速追肥，并喷施叶面营养剂，促苗早发，补充养分，提高抗逆能力；对玉米心叶已扭曲腐烂的较重病株，可用剪刀剪去包裹雄穗以上的叶片，以利于雄穗的正常吐穗，并将剪下的病叶带出田外深埋处理。

2. 化学防治　玉米顶腐病常发区可以采用药剂拌种，减轻幼苗发病。常用药剂有 75% 百菌清可湿性粉剂，或 50% 多菌灵可湿性粉剂，或 80% 代森锰锌可湿性粉剂，以种子重量的 0.4% 拌种，或用 40% 萎锈·福美双悬浮剂进行包衣处理。病害发生后，可以结合后期玉米螟等害虫的防治，混合以上药剂加农用硫酸链霉素或中生菌素对心叶进行喷施，每亩不少于 40 kg 药液。

七、玉米瘤黑粉病

分布与为害

玉米瘤黑粉病是玉米生产中的重要病害之一，在我国普遍发生，一般北方比南方、山区比平原发生普遍而严重。病菌侵染植株的茎秆、果穗、雄穗、叶片等幼嫩部位，形成的黑粉瘤消耗大量的养分，导致植株空秆不结实、籽粒发育不良或雄花不散粉，严重的可造成30%~80% 的产量损失（图 1）。

图 1　玉米瘤黑粉病大田为害状

症状特征

玉米瘤黑粉病是局部侵染病害。植株的气生根、茎、叶、叶鞘、雄穗及雌穗等任何地上部分的幼嫩组织均可被侵染为害。被侵染的组织因病菌代谢物的刺激而肿大成菌瘿，外包有由寄主表皮组织所形成的薄膜，为白色（图 2）或淡紫红色（图 3），后期变为黑灰色（图 4）。

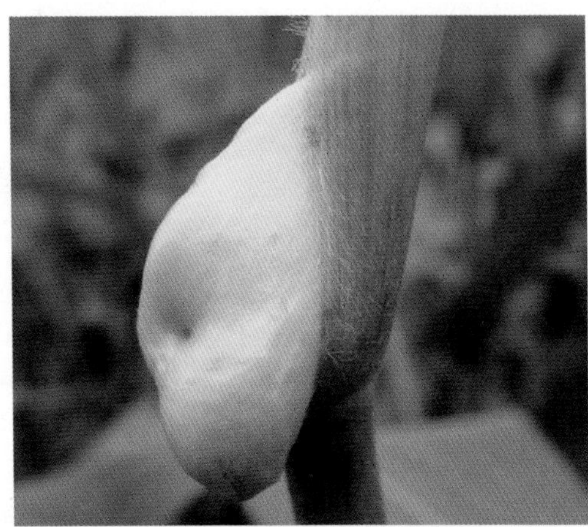

图 2　玉米瘤黑粉病幼嫩菌瘿

图 3　玉米瘤黑粉病淡紫红色菌瘿

图 4　玉米瘤黑粉病后期为黑灰色菌瘿

农民称之为“长蘑菇”。菌瘿成熟后散发出大量黑粉（冬孢子）（图 5）。田间幼苗高 0.3 m 左右时即可发病，多在幼苗基部或根茎交界处产生菌瘿。病苗扭曲皱缩，叶鞘及心叶破裂紊乱，严重的会出现早枯。叶片或叶鞘被侵染时，所形成的菌瘿一般有豆粒或花生粒大小（图 6~ 图 8）；茎或气生

图 5　玉米瘤黑粉病成熟菌瘿散发黑粉

图 6　玉米瘤黑粉病叶部菌瘿

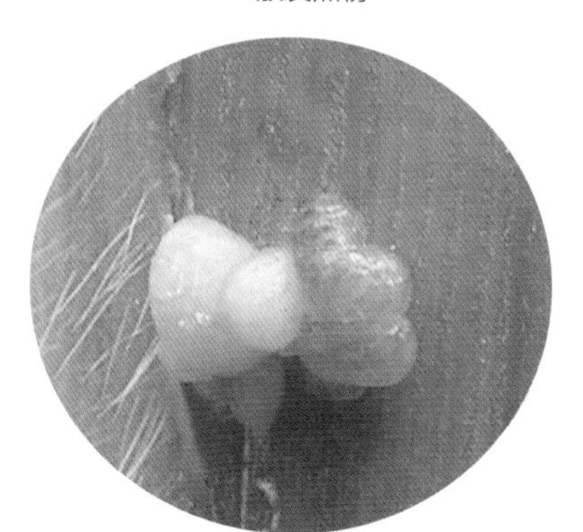

图 7　玉米瘤黑粉病叶鞘部豆粒大菌瘿初期

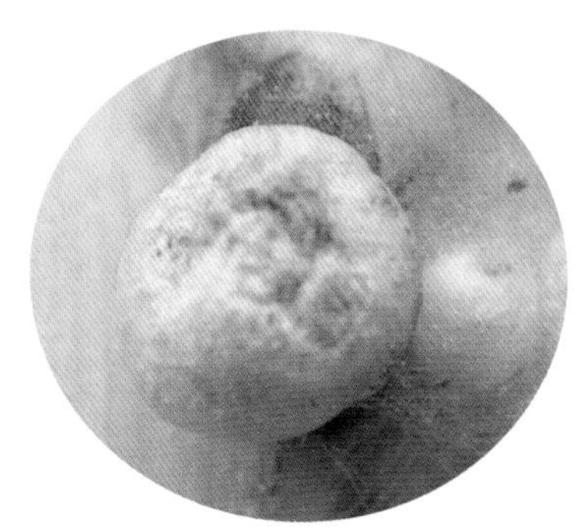

图 8　玉米瘤黑粉病叶鞘部豆粒大菌瘿

根被侵染时，所形成的菌瘿如拳头大小，如在玉米顶部可引起玉米弯曲（图 9、图 10）；雌穗被侵染，多在果穗上中部或个别籽粒上形成菌瘿（图 11），严重的全穗形成大而畸形的菌瘿（图 12）。

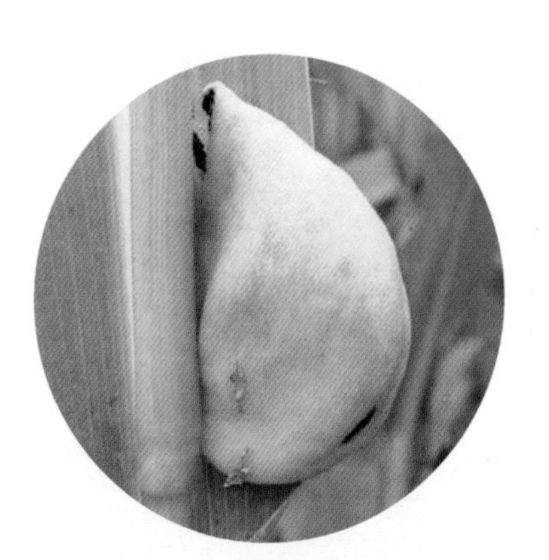

图 9　玉米瘤黑粉病茎秆上菌瘿

图 10　玉米瘤黑粉病茎秆及顶部受害引起弯曲

图 11　玉米瘤黑粉病为害雌穗籽粒

图 12　玉米瘤黑粉病为害整个雌穗成大菌瘿

发生规律

玉米瘤黑粉病病菌以冬孢子在土壤中、病残体上、混在粪肥或黏附在种子表面越冬，成为初侵染源。种子表面带菌，对病害的远距离传播有一定的作用。越冬的冬孢子在条件适宜时产生担孢子和次生担孢子，经风雨传播到玉米的幼嫩组织上，萌发并直接穿透寄主表皮或经由伤口侵入。菌丝在组织中生长发育，并产生一种类似生长素的物质，刺激局部组织的细胞旺盛分裂，逐渐肿大成菌瘿，菌瘿内产生大量的冬孢子，随风雨传播，进行再侵染。在玉米的生育期内，可进行多次侵染，在抽穗前后 1 个月内为该病的盛发期。

发病条件与品种抗病性、菌源数量和环境条件有关。品种间抗病性有差异，一般杂交种比其亲本自交系或一般品种抗病力强，果穗苞叶厚而紧、耐旱的品种较为抗病。连作地和距村庄较近的地块由于有较大量的菌源，一般发生较重；在干旱少雨的地区，缺乏有机质的沙性土壤，土壤中的冬孢子易于保存其生活力，发病较重；偏施氮肥，造成组织柔嫩的植株，易受感染。低温、干旱、少雨地区，土壤中的冬孢子存活率高，发病严重；玉米抽雄前后，遇干旱抗病力下降，易感病；螟害、冰雹、暴风雨以及人工去雄造成的伤口，均有利于病害发生。

防治措施

1. 农业防治 选用抗病品种；彻底清除田间病株，翻地沤浸；在田间发病后及早割除菌瘿，带出田外深埋或烧掉，减少菌源；加强栽培管理，合理密植，控制氮肥用量，在抽穗前后易感病时期及时灌溉；重病田可与大豆、棉花等作物 2~3 年轮作；及时彻底防治玉米螟等虫害，减少伤口。

2. 化学防治 可用 20% 福・克悬浮种衣剂按药种重量比 1 ∶ 50 进行种子包衣，或用 50% 福美双可湿性粉剂按种子重量的 0.2%~0.3% 拌种；在玉米抽雄前喷 50% 多菌灵可湿性粉剂，或用 50% 福美双可湿性粉剂 500 倍液，防治 1~2 次，可有效减轻病害。

八、玉米丝黑穗病

分布与为害

玉米丝黑穗病又称乌米、哑玉米，玉米产区几乎均有发生，以东北、西北、华北和南方冷凉山区的连作玉米田块发病较重。丝黑穗病为害严重，一般田块发病率为2%~8%，重病田发病率高达60%~70%。由于丝黑穗病直接导致果穗全部受害，发病率几乎等同于损失率，一旦发生对产量影响较大（图1）。

图1　玉米丝黑穗病大田为害状

症状特征

玉米丝黑穗病是苗期的一种系统性侵染病害，病菌侵染种子萌发后产生的胚芽，菌丝进入胚芽顶端分生组织后随生长点生长，但直到穗期才能在雄穗和雌穗上见到典型症状。病株雌穗短粗，外观近球形，无花丝，苞叶正常（图 2），剥开苞叶可见雌穗内部组织已全部变为黑粉（图 3），黑粉内有一些丝状的植物维管束组织，因此称为丝黑穗病（图 4）。在后期，雌穗苞叶自行裂开，散出大量黑粉（图 5）。有的雌

图 2　玉米丝黑穗病病雌穗

图 3　玉米丝黑穗病病雌穗内黑粉

图 4　玉米丝黑穗病病雌穗内丝状组织

图 5　玉米丝黑穗病病苞叶开裂后症状

穗受害后，过度生长，但无花丝，不结实，顶部为刺状（图 6、图 7）。雄穗受害后，整个小花变为黑粉包，抽雄后散出大量黑粉。有的雌穗受病原菌刺激后畸形生长（图 8、图 9）。在被严重侵染的植株上，还可见叶片被病菌侵染后出现破溃的孔洞或瘤状突起，突起破裂后散出黑粉状冬孢子。病原菌侵染也可使一些植株在苗期产生分蘖，植株呈灌丛状。

图 6　玉米丝黑穗病病雌穗顶部刺状

图 7　玉米丝黑穗病病雌穗顶部刺状剖面

图 8　玉米丝黑穗病引起雄穗畸形如刺状

图 9　玉米丝黑穗病引起雄穗畸形

发生规律

玉米丝黑穗病病菌以散落在土中、混入粪肥或黏附在种子表面的冬孢子越冬，成为翌年的初侵染源，其中土壤带菌在侵染循环中最为重要。冬孢子在土壤中能存活 2~3 年，结块的冬孢子比分散的存活时间更长。种子带菌是远距离传播的重要途径，但田间传病作用显著低于土壤和粪肥。玉米在 3 叶期以前是病菌的主要侵染时期，7 叶后病菌不再侵染玉米。

发病程度主要取决于品种抗病性、菌源数量及土壤环境。玉米不同品种对丝黑穗病菌的抗性有明显差异。连作地发病重，轮作地发病轻。玉米播种至出苗期间的温度、湿度与发病关系密切，土壤温度在 15~30 ℃利于病菌侵入，25 ℃最为适宜，20% 的湿度条件发病率最高。另外，播种过深、种子生活力弱时发病重。

防治措施

1. 农业防治 种植抗病品种是防治丝黑穗病的根本措施；及时拔除发病幼苗和病株并带出田外深埋，高温堆肥，合理轮作，可减少田间菌源、减轻发病。

2. 化学防治 使用特效杀菌剂拌种或含有相应杀菌剂的种衣剂进行种子包衣处理，可有效防止土壤中病菌对种子胚芽的侵染。用 6% 戊唑醇悬浮种衣剂，以种子重量的 0.4% 拌种；杀菌剂有 15% 三唑酮可湿性粉剂，以种子重量的 0.1%~0.2% 拌种；40% 萎锈·福美双悬浮剂，以种子重量的 0.4%~0.5% 拌种。

九、玉米穗腐病

分布与为害

玉米穗腐病又称赤霉病、果穗干腐病，为多种病原菌侵染引起的病害，各玉米产区都有发生，特别是多雨潮湿的西南地区发生严重。引起穗腐病的一些病原菌如黄曲霉菌，产生的有毒代谢产物如黄曲霉毒素，对人、家畜、家禽健康有严重危害（图 1）。

图 1　玉米穗腐病为害状

症状特征

玉米雌穗及籽粒均可受害，被害雌穗顶部或中部变色，并出现粉红色、蓝绿色（图2）、黑灰色或暗褐色、黄褐色霉层（图3），即病原菌的菌体、分生孢子梗和分生孢子，扩展到雌穗的1/3~1/2处，多雨或湿度大时可扩展到整个雌穗（图4）。病粒无光泽，不饱满，质脆，内部空虚，常为交织的菌丝所充塞。雌穗病部苞叶常被密集的菌丝贯穿，

图2　玉米穗腐病蓝绿色霉层病穗

图3　玉米穗腐病黄褐色霉层病穗

图4　玉米穗腐病整个雌穗为害状

黏结在一起贴于雌穗上不易剥离；仓储玉米受害后，粮堆内外则长出疏密不等、不同颜色的菌丝和分生孢子（图 5），并散出发霉的气味。

图 5　玉米穗腐病病穗上不同颜色的菌丝和分生孢子

发生规律

玉米穗腐病病菌在种子、病残体上越冬。病菌主要从伤口侵入，分生孢子借风雨传播。温度在 15~28 ℃，相对湿度在 75% 以上，有利于病菌的侵染和流行；玉米灌浆成熟阶段遇到连续阴雨天气，发生严重；高温多雨以及玉米虫害发生偏重的年份，穗腐和粒腐病发生较重。玉米粒没有晒干，入库时含水量偏高，以及储藏期仓库密封不严，库内温度高，也利于各种霉菌腐生蔓延，引起玉米粒腐烂或发霉。

花丝多、苞叶长而厚、穗轴含水量高、籽粒排列紧密、水分散失慢的玉米品种易感病；花丝少、苞叶薄、雌穗顶部籽粒外露、收获前雌穗已成熟下垂，雨水不易淋入的品种抗病性较强；地膜覆盖和适期早播的发病轻。

防治措施

1. 农业防治　选用抗病品种；及时清除并销毁病残体；适期播种，合理密植，合理施肥，促进早熟；注意虫害防治，减少伤口侵染的机会；玉米成熟后及时采收，及时剥去苞叶，充分晒干后入仓储存。

2. 化学防治　播种前精选种子，剔除秕小病粒，每 10 kg 种子用 2.5% 咯菌腈悬浮种衣剂 20 mL+3% 苯醚甲环唑悬浮种衣剂 40 mL 进行包衣或拌种；在玉米收获前 15 d 左右用 50% 多菌灵可湿性粉剂或 50% 甲基硫菌灵可湿性粉剂 1 000 倍液在雌穗花丝上喷雾防治。

十、玉米疯顶病

分布与为害

图 1　玉米疯顶病大田为害状

玉米疯顶病又称丛顶病，是影响玉米生产的潜在危险性病害，我国宁夏、新疆和甘肃西部属常发区。近年来，由于制种基地相对集中，引种频繁，该病有进一步扩大蔓延趋势，95%以上的病株不结实，接近绝收，对玉米生产影响很大（图 1）。

症状特征

玉米幼苗和成株都能受害。苗期侵染，可随植株生长点的生长而到达雌穗与雄穗。病株从 6~8 叶开始显症，苗期病株呈淡绿色，株高 20~30 cm 时部分病苗过度分蘖，每株 3~5 个或 6~8 个不等，叶片变窄，质地坚韧； 亦有部分病苗不分蘖，但叶片黄化且宽大，或叶脉黄绿相间，叶片皱缩、凸凹不平；部分病苗叶片畸形，上部叶片扭曲或呈牛尾巴状。典型症状发生在抽雄后，有多种类型。

（1）雄穗完全畸形。雄穗全部异常增生，畸形生长，小花转为变态小叶，小叶叶柄较长、簇生，使雄穗呈刺头状即“疯顶”（图 2）。

（2）雄穗部分畸形。雄穗部分正常，部分则大量增生呈团状绣球，不能产生正常雄花（图 3）。

（3）雄穗变为团状花序。各个小花密集簇生，花色鲜黄，但无花粉。

（4）雌穗变异。果穗受侵染后发育不良，不抽花丝，苞叶尖变态为小叶，成 45° 簇生（图 4）；严重发病的雌穗内部全部为苞叶，雌

图 2　玉米疯顶病雄穗完全畸形呈“疯顶”症状

图3　玉米疯顶病病雄穗部分畸形

图 4　玉米疯顶病病雌穗苞叶变态

图5　玉米疯顶病病雌穗变为苞叶

穗叶化（图5）； 部分雌穗异化为雄穗（图6）； 部分雌穗分化为多个小雌穗，但均不能结实； 穗轴呈多节茎状，不结实或结实极少且籽粒瘪小（图7）。

（5）叶片畸形。成株期上部叶片和心叶共同扭曲呈不规则团状（图8、图9），或牛尾巴状（图10），部分呈环状，植株不抽雄，也不能形成雄穗。

图6　玉米疯顶病病病雌穗异化为雄穗

图7　玉米疯顶病病穗轴呈多节茎状

图8　玉米疯顶病病心叶及上部叶片扭曲

图9　玉米疯顶病心叶及上部叶片扭曲如麻花

（6）植株上部叶片密集生长，呈对生状，似君子兰叶片。

（7）植株轻度或严重矮化（图 11），上部叶片簇生，叶鞘呈柄状，叶片变窄。

（8）部分植株超高生长。有的病株疯长，植株高度超过正常高度 1/5，头重脚轻，易折断（图 12）。

（9） 部分病株中部或雌穗发育成多个分枝，并有雄穗露出顶部苞叶。

（10）田间常见疯顶病菌与瘤黑粉病菌复合侵染。感病植株上伴有瘤黑粉病发生，簇状雄穗、雌穗和茎秆上有瘤黑粉（图 13）。

图 10　玉米疯顶病病叶片扭曲呈牛尾巴状

图 11　玉米疯顶病植株矮化，叶片上出现黄色条纹

图 12　玉米疯顶病植株超高生长

图 13　玉米疯顶病伴生瘤黑粉病

发生规律

玉米疯顶病属土传、种传系统侵染性病害，病残体是翌年发病的重要侵染源。病菌在苗期侵染植株，受害植株一般不能结实，少数轻病株（5% 左右）也能正常结实形成种子，但带菌率很高，因此带病种子是该病远距离传播的一个重要途径。

玉米苗期是主要感病期。播种后短期内或 4~5 片叶前，土壤湿度饱和就能发病。土壤湿度饱和状态持续 24~48 h，病菌就能完成侵染。适于侵染的土壤温度范围比较宽，在叶面上形成孢子的适温为 24~28 ℃，孢子萌发适温为 12~16 ℃。多雨年份，低洼、积水田极易发病。

防治措施

1. 农业防治　选用抗病品种，通常马齿种比硬粒种抗病；适期播种；播种后严格控制土壤湿度，5 叶期前避免大水漫灌，及时排出降水造成的田间积水；及时拔除田间病株，集中烧毁，或将发病植株的雄蕊上方叶片剪除、深埋；收获后彻底清除并销毁田间病残体，并深翻土壤，控制病菌在田间扩散；轮作倒茬，与非禾本科作物如豆类、棉花等轮作。

2. 化学防治　药剂拌种，播种前用 58% 甲霜灵 · 锰锌可湿性粉剂，或 64% 噁霜灵 · 锰锌可湿性粉剂，以种子重量的 0.4% 拌种；或用 35% 甲霜灵可湿性粉剂按种子重量的 0.2%~0.3% 拌种；喷雾防治，在田间发病初期，可用 58% 甲霜灵 · 锰锌可湿性粉剂 300 倍液与 50% 多菌灵可湿性粉剂 500 倍液，或 75% 百菌清可湿性粉剂 1 500 倍液等杀菌剂混合用药，每隔 7 d 喷 1 次，连续喷 2~3 次。

十一、玉米纹枯病

分布与为害

玉米纹枯病在玉米种植区普遍发生。随着玉米种植面积的扩大和高产密植栽培技术的推广，该病发展蔓延较快，为害日趋严重。该病主要发生在玉米生长后期，为害玉米植株近地表的茎秆、叶鞘甚至雌穗，常引起茎基腐败，输导组织破坏，影响水分和营养的输送，因此造成的损失严重（图 1）。

图 1　玉米纹枯病大田为害状

症状特征

玉米纹枯病主要为害叶鞘，其次是叶片、果穗及其苞叶。发病严重时，能侵入坚实的茎秆，但一般不引起倒伏。最初从茎基部叶鞘发病，后侵染叶片，向上蔓延。发病初期，先出现水渍状灰绿色的圆形或椭圆形病斑（图 2），逐渐变成白色至淡黄色（图 3、图 4），后期变为红褐色云纹斑块（图 5）。叶鞘受害后，病菌常透过叶鞘而为害茎秆，

图 2 玉米纹枯病为害叶鞘，早期呈水渍状灰绿色的圆形或椭圆形病斑

图 3 玉米纹枯病叶鞘白色病斑

图 4 玉米纹枯病叶鞘淡黄色病斑

图 5 玉米纹枯病叶鞘红褐色云纹斑块

形成下陷的黑褐色斑块。发病早的植株，病斑可以沿茎秆向上扩展至雌穗的苞叶（图 6）和横向侵染下部的叶片。湿度大时，病斑上常出现很多白霉，即菌丝和担孢子。温度较高或植株生长后期，不适合病菌扩大为害时，即产生菌核。菌核初为白色（图 7），老熟后呈褐色（图 8）。当环境条件适宜，病斑迅速扩大发展，叶片萎蔫，植株似水烫过一样呈暗绿色腐烂而枯死（图 9）。

图 6　玉米纹枯病为害果穗苞叶

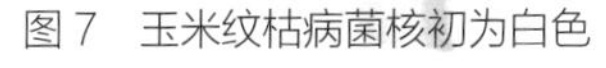

图 7　玉米纹枯病菌核初为白色

图 8　玉米纹枯病菌核老熟后呈褐色

图 9　玉米纹枯病叶片萎蔫似水烫状

发生规律

玉米纹枯病属于土传病害，以菌核遗留在土壤中，和以菌丝、菌核在病残体上越冬。菌核萌发产生菌丝或以病株上存活的菌丝接触寄主茎基部而入侵，表面形成病斑后，病菌气生菌丝伸长，向上部叶鞘发展，病菌常透过叶鞘而为害茎秆，形成下陷的黑色斑块。湿度大时，病斑长出许多白霉状菌丝和担孢子。担孢子借风力传播造成再次侵染。病菌可通过表皮、气孔和自然孔口三种途径侵入寄主，其中以表皮直接侵入为主。

该病是靠接触蔓延而短距离传染的病害。病害流行与气候、品种、种植密度、肥水条件和地势等因素有关，其中气候因素对该病的发展有重要影响，该病发生的最低温度为 13~15 ℃，最适温度为 20~26 ℃，最高温度为 29~30 ℃。病害发生期内，雨日多、湿度大，病情发展快；而少雨低湿则明显抑制病害发展。玉米苗期很少发病，喇叭口期至抽雄期是发病始期，抽雄期病害开始扩展蔓延，灌浆至成熟期发展速度逐渐增快，是为害的关键时期。

防治措施

玉米纹枯病为多寄主土传病害，对该病的防治应采取以清除病源、栽培防治为基础，重点使用化学药剂防治的综合防治技术措施。

1. 农业防治 选用抗病或耐病品种，重病田块实行轮作；清除田间病株残体集中烧毁，深翻土壤消除菌核；选择适当的播期，避免病害的发生高峰期（孕穗到抽穗期）与雨季相遇；发病初期，摘除病叶；合理密植，宽窄行栽培，注意田间通风透光；田间开沟排水，降低湿度。

2. 化学防治 发病早期防治效果好，重点防治玉米茎基部，保护叶鞘。可每亩用 16% 井冈霉素可溶粉剂 50~60 g，或 25% 丙环唑乳油 30~40 g，或 30% 苯甲・丙环唑乳油 10~20 g，或 15% 井冈霉素・三唑酮可湿性粉剂 100~130 g，或井冈霉素・蜡芽菌悬浮剂 20~26 g，对水 75~100 kg，喷雾。

十二、玉米青枯病

分布与为害

玉米青枯病又称玉米茎基腐病或玉米茎腐病，是由多种病原菌侵染产生的病害。在玉米各种植区均有发生，局部地区为害严重，一般年份发病率为5%~20%，个别地区的个别年份可达60%以上。感病植株籽粒不饱满、瘪瘦，对玉米产量和品质影响很大（图1）。

图1　玉米青枯病大田为害状

症状特征

图 2　玉米青枯病病株呈青灰色干枯状

玉米青枯病一般在玉米灌浆期开始发病，乳熟末期至蜡熟期为显症高峰。感病后最初表现萎蔫，以后叶片自下而上迅速失水枯萎，叶片呈青灰色或黄色逐渐干枯，表现为青枯或黄枯（图 2）。病株雌穗下垂，穗柄柔韧，不易剥落，籽粒瘪瘦，无光泽且脱粒困难（图 3）。茎基部 1~2 节呈褐色失水皱缩，变软，髓部中空（图 4），或茎基部 2~4 节有呈梭形或椭圆形水浸状病斑，绕茎秆逐渐扩大，变褐腐烂，易倒伏。根系发育不良，侧根少，根部呈褐色腐烂，根皮易脱落，病株易拔起。根部和茎部有絮状白色或紫红色霉状物。

图 4　玉米青枯病病株茎髓部中空

图 3　玉米青枯病病株雌穗倒挂

发生规律

引起茎腐病的病原菌种很多，在我国主要为镰刀菌和腐霉菌。镰刀菌以分生孢子或菌丝体，腐霉菌以卵孢子在病残体内外及土壤内存活越冬，带病种子是翌年的主要侵染源。病菌借风雨、灌溉、机械、昆虫携带传播，通过根部或根茎部的伤口侵入或直接侵入玉米根系或植株近地表组织并进入茎节，营养和水分输送受阻，导致叶片青枯或黄枯、茎基缢缩、雌穗倒挂、整株枯死。种子带菌可以引起苗枯。

玉米籽粒灌浆和乳熟阶段遇较强的降水，雨后暴晴，土壤湿度大，气温剧升，往往导致该病暴发成灾。雌穗吐丝期至成熟期，降水多、湿度大，发病重；沙土地、土地瘠薄、排灌条件差、玉米生长弱的田块发病较重；连作、早播发病重。玉米品种间抗病性存在明显差异（图5）。

图5　玉米青枯病不同品种抗性差异大

防治措施

采用以抗病品种和栽培技术等为主的综合防治措施。

1. 农业防治 选用抗病品种；清除田间内外病残组织，集中烧毁，深翻土壤，减少侵染源；与其他非寄主作物（如水稻、甘薯、马铃薯、大豆等）实行 2~3 年的大面积轮作，防止土壤中病原菌积累；适期晚播能有效减轻该病害发生；在玉米生长后期，控制土壤水分，避免田间积水；播种时，将硫酸锌肥作为种肥施用，用量为 45 kg/ 亩，能够有效降低植株发病率；增施钾肥，每亩用量 16 kg，能够明显提高植株的抗性，降低发病率。

2. 化学防治 每 10 kg 种子用 2.5% 咯菌腈悬浮种衣剂 10~20 g，或 20% 福・克悬浮种衣剂 222.2~400 g，或 3.5% 咯菌・精甲霜悬浮种衣剂 10~15 g，进行种子包衣。玉米抽雄期至成熟期是防治该病的关键时期，病害发生初期可以用 50% 多菌灵可湿性粉剂 600 倍液 +25% 甲霜灵可湿性粉剂 500 倍液；或 70% 甲基硫菌灵可湿性粉剂 800 倍液+40% 乙膦铝可湿性粉剂 300 倍液 + 65% 代森锌可湿性粉剂 600 倍液淋根基，间隔 7~10 d 喷一次，连喷 2~3 次。

十三、玉米苗枯病

分布与为害

在我国许多玉米种植区都有发生，部分地区一些年份发病严重。近年来，由于土壤中病菌的积累，苗枯病的发生范围进一步扩大，发病逐渐加重，田间病株率一般为10%，重病田可达60%以上，对生产有一定影响。

症状特征

种子发芽后，病原菌侵染主根，先在种子根和根尖处变褐（图1），后扩展导致根系发育不良或根毛减少，次生根少或无，逐渐造成根系发病变为红褐色，发病部位向上蔓延，侵染胚轴和茎基节，并在茎的第1节间形成坏死斑，叶片黄化，叶边缘焦枯（图2）。当病害发展迅

图1　玉米苗枯病病根变褐

图2　玉米苗枯病病叶黄化、叶边缘焦枯

速时，常常导致植株叶片发生萎蔫，全株青枯死亡。剖开茎节，可以看见维管束组织被侵染后变为褐色。

发生规律

引起苗枯病的病原主要是串珠镰刀菌。该病以土壤传播为主，种子也可以带菌传播。4~5 月气候温暖，土壤升温快，幼苗发病轻；地势低洼、土壤黏重且湿度大，不利于幼苗根系发育，使植株抗病力下降，发病严重，播种过深也易发病。连作种植，土壤营养元素不均衡，植株抗病力明显降低。品种间抗性有差异。

防治措施

1. 农业防治　选用抗病或耐病品种；实行轮作,尽可能避免连作；及时清除田园病株，减少菌源；增施腐熟的有机肥；深翻灭茬，平整土地，防止积水，促进根系发育，增强植株抗病力。

2. 化学防治　选用 75% 百菌清可湿性粉剂，或 50% 多菌灵可湿性粉剂，或 80% 代森锰锌可湿性粉剂，以种子重量的 0.4% 拌种，或用萎锈・福美双等种衣剂直接进行种子包衣后再播种。

十四、玉米全蚀病

分布与为害

玉米全蚀病是近年来在辽宁、山东等省新发现的玉米根部土传病害，主要为害根部，可造成植株早衰、倒伏，影响灌浆，千粒重下降，严重威胁玉米生产。

图 1　玉米全蚀病病株

症状特征

苗期染病时地上部分症状不明显，抽穗灌浆期地上部分开始出现症状，初叶尖、叶缘变黄，逐渐向叶基和中脉扩展，后叶片自下而上变为黄褐色。严重时茎秆松软，根系呈褐色腐烂，须根和根毛明显减少，致根皮变黑坏死或腐烂（图 1），易折断倒伏。7~8 月土壤湿度大时，根系易腐烂，病株早衰（图 2），千粒重下降。收获后菌丝在根组织内继续扩展，致根皮变黑发亮，并向根基延伸，呈黑脚或黑膏药状，剥开茎基，表皮内侧有小黑点，即病菌子囊壳。

图 2 玉米全蚀病病株黑根症状

发生规律

病菌存活于土壤病残体内越冬，可在土壤中存活 3 年以上。整个生育期均可为害，病菌从苗期种子根系侵入，后向次生根蔓延。该菌在根系上活动受土壤湿度影响，5~6 月病菌扩展不快，7~8 月气温升高，雨量增加，病情迅速扩展。沙壤土发病重于壤土，洼地重于平地，平地重于坡地。施用有机肥多的发病轻。7~9 月高温多雨发病重。品种间感病程度差异明显。

防治措施

1. 农业防治 种植抗病品种；提倡施用酵素菌沤制的堆肥或增施有机肥，每亩施入充分腐熟有机肥 2 500 kg，并合理追施氮、磷、钾速效肥；收获后及时翻耕灭茬，发病地区或田块的根茬要及时烧毁，减少菌源；与豆类、薯类、棉花、花生等非禾本科作物实行大面积轮作；适期播种，提高播种质量。

2. 化学防治 可选用 3% 苯醚甲环唑悬浮种衣剂 40~60 mL 或 12.5% 全蚀净 20 mL 拌 10 kg 种子，晾干后即可播种，也可储藏后再播种。此外，可用含多菌灵、呋喃丹的玉米种衣剂按药种重量比 1∶50 进行种子包衣，对该病也有一定防效，且对幼苗有刺激生长作用。

十五、玉米细菌性茎基腐病

分布与为害

玉米细菌性茎基腐病偶发于北方地区。发病后植株基部变褐腐烂，严重的植株萎蔫、倒折、整株死亡，对生产影响较大。

症状特征

玉米细菌性茎基腐病发生在苗期，引起严重的幼苗倒伏和萎蔫死亡（图 1）。病害症状与玉米细菌性茎腐病有所不同，发病初期在植株茎基部叶鞘出现浅褐色的水浸状不规则病斑，逐步发展为褐色、菱形病斑；发病严重植株，在病斑部发生横向的茎秆开裂（图 2），叶片因

图 2　玉米细菌性茎基腐病病斑部茎节开裂状

图 1　玉米细菌性茎基腐病幼苗倒伏、萎蔫状

缺水而枯萎，并由于茎秆开裂而导致发病植株倒伏和倒折，严重者全株枯死。该病病斑多在茎节部位，典型症状为茎基处开裂，变黑变褐并干腐；纵剖病茎，维管束变褐色，发病部位从茎表层向内扩展；横切病茎和病根部，切面组织在显微镜下可见白色菌脓。

发生规律

玉米细菌性茎基腐病为土壤传播病害，病菌存活在土壤中。偶发于玉米播种后幼苗期突遇持续 15 ℃以下低温时。由于病害发生突然，待发现时往往田间已出现大量植株萎蔫和倒折。

防治措施

由于玉米细菌性茎基腐病的发生与苗期持续低温和农事操作造成的根系受伤有关，因此，如果生产中气温开始回升，病斑的扩展将受到自然抑制。

1. 农业防治　实行轮作，尽可能避免连作；及时清除田间病株，减少菌源；加强田间管理，采用高畦栽培，严禁大水漫灌，雨后及时排水，防止湿气滞留。

2. 化学防治　及时治虫防病，苗期开始注意防治玉米螟、棉铃虫等害虫；在发病初期用 46.1% 氢氧化铜水分散粒剂 1 000 倍液，或 72% 农用硫酸链霉素可溶性粉剂 4 000 倍液进行根基部喷雾，控制病害的发展。

十六、玉米细菌性茎腐病

分布与为害

玉米细菌性茎腐病在我国一些玉米种植区偶有发生。细菌侵染植株后，常在玉米的生长前期或中期引起茎节腐烂，导致茎秆折断，造成直接的生产损失。

症状特征

玉米细菌性茎腐病主要为害中部茎秆和叶鞘。在茎秆上产生水浸状腐烂（图 1），腐烂部位扩展较快，造成髓组织分解，茎秆因此折断（图 2）。在发病部位，病菌繁殖快并大量分解组织而产生恶臭味。

图 1　玉米细菌性茎腐病病茎前期水浸症状

图 2　玉米细菌性茎腐病茎秆髓组织分解致折断状

叶鞘也会受到侵染（图3），病斑不规则，边缘红褐色（图4）。在条件适宜情况下，病菌可以通过叶鞘侵染雌穗，在雌穗苞叶上产生与叶鞘上相同的病斑。有时茎秆上的发病部位可以靠近茎基部。发生在茎秆中上部会造成雌穗穗柄腐烂而严重影响雌穗的生长。

图3　玉米细菌性茎腐病为害叶鞘

图4　玉米细菌性茎腐病叶鞘边缘红褐色，呈不规则病斑

发生规律

玉米细菌性茎腐病病菌在土壤表面未腐烂的病残体上越冬，翌年从植株的气孔或伤口侵入。玉米60 cm高时组织柔嫩易发病，害虫为害造成的伤口有利于病菌侵入。此外，害虫携带病菌同时起到传播和接种的作用，如玉米螟、棉铃虫等虫口数量大，则该病发病重。

高温高湿利于发病，日平均温度30 ℃左右，相对湿度高于70%即可发病；日均温度34 ℃，相对湿度80%则扩展迅速。玉米常年连作发病重，地势低洼或排水不良、密度过大、通风不良、施用氮肥过多、伤口多，发病重。轮作，高畦栽培，排水良好及氮、磷、钾肥比例适当地块，植株健壮，发病率低。

防治措施

1. 农业防治 实行轮作，尽可能避免连作。秋收后，及时清除病残株，减少菌源；合理施肥，避免偏施氮肥；采用高畦栽培，雨后及时排水，改善田间通风条件和降低湿度，提高植株抗病性；发现病株后，及时拔除，带出田外集中烧毁。

2. 化学防治 及时治虫防病，苗期注意防治玉米螟、棉铃虫等害虫。在发病初期，及时喷施抗生素，如72%农用硫酸链霉素可溶性粉剂4 000倍液或农抗120等；用抗生素在播种前浸种，对于控制经种子传播的病原菌有显著效果。

十七、玉米粗缩病

分布与为害

玉米粗缩病为媒介昆虫灰飞虱传播的病毒病，在我国局部地区发生严重，已成为玉米产区的主要病害。多数发病植株不结穗，发病率几乎等同于损失率，对产量影响很大（图1、图2）。

图1　玉米粗缩病苗期大田为害状

图2　玉米粗缩病穗期大田为害状

症状特征

玉米粗缩病症状一般出现在5~6叶期，在心叶基部中脉两侧的细脉上出现透明的虚线状褪绿条纹，即明脉（图3）。病株的叶背、叶鞘及苞叶的叶脉上具有粗细不一的蜡白色条状突起，用手触摸有明显的粗糙不平感，成为脉突（图4）；叶片宽短，厚硬僵直，叶色浓绿，顶部叶片簇生（图5）。病株生长受到抑制，节间粗肿缩短，严重矮化（图6、

图3 玉米粗缩病病叶片上的虚线状褪绿条纹——明脉

图4 玉米粗缩病叶片上蜡白色条状脉突

图5 玉米粗缩病造成的顶部叶片簇生

图6 玉米粗缩病造成的植株矮化（侧视）

图 7)。根系少而短，不及健株的一半，很易从土中拔起。轻病株雄穗发育不良、散粉少，雌穗短、花丝少、结实少；重病株雄穗不能抽出或虽能抽出但分枝极少、无花粉（图 8），雌穗畸形不实或籽粒很少（图 9）。

图 7　玉米粗缩病造成的植株矮化（俯视）

图 8　玉米粗缩病造成的雄穗不能抽出

图 9　玉米粗缩病造成的雌穗畸形不实

发生规律

玉米粗缩病在玉米整个生育期均可以侵染发病，侵染越早症状表现越明显，玉米苗期感病受害最重。病毒寄主范围十分广泛，主要侵染禾本科植物，如玉米、小麦、水稻、高粱、谷子以及马唐、稗草等。该病毒主要在小麦、多年生禾本科杂草及传毒介体灰飞虱上越冬。玉米出苗后，小麦和杂草上的灰飞虱即带毒迁至玉米上取食传毒，引起玉米发病。玉米 5 叶期前易感病，10 叶期抗性增强。在玉米生长中后期，病毒再由灰飞虱携带向高粱、谷子等晚秋禾本科作物及马唐等禾本科杂草传播，秋后再传向小麦或直接在杂草上越冬，形成周年侵染循环。

防治措施

坚持以农业防治为主、化学防治为辅的综合防治策略。核心是调整玉米播期，使玉米苗期避开带毒灰飞虱成虫的活动盛期。

1. 农业防治　选用抗耐病品种，同时应注意合理布局，避开单一抗源品种的大面积种植；摒弃玉米麦垄套种，推广玉米麦收后直播，避开带毒灰飞虱成虫活动盛期；清除田间和地头杂草，减少害虫滋生地；及时拔除病株，带出田外烧毁或深埋；合理施肥浇水，加强田间管理，促进玉米健壮生长，缩短感病期。

2. 化学防治　药剂拌种或包衣，用 70% 噻虫嗪可分散粉剂 10~30 g 拌 10 kg 种子，防治苗期灰飞虱，减少病毒传播；苗期喷药防治灰飞虱，可用 10% 吡虫啉可湿性粉剂，或 5% 啶虫脒可湿性粉剂，每亩 20 g，加水 50 kg 喷雾，每 7~10 d 喷 1 次，连喷 2~3 次；发病初期，每亩用 5% 氨基寡糖素水剂 75~100 g，或 6% 低聚糖素水剂 62~83 g，加水 50 kg 喷雾防治。

十八、玉米红叶病

分布与为害

玉米红叶病属于媒介昆虫蚜虫传播的病毒病，主要发生在甘肃省，在陕西、河南、河北等地也有发生。该病主要为害麦类作物，也侵染玉米、谷子、糜子、高粱及多种禾本科杂草。在红叶病重发生年，对生产有一定影响（图 1）。

图 1　玉米红叶病大田为害状

症状特征

病害初发生于植株叶片的尖端，在叶片顶部出现红色条纹。随着病害的发展，红色条纹沿叶脉间组织逐渐向叶片基部扩展，并向叶脉两侧组织发展（图 2、图 3），变红区域常常能够扩展至全叶的 1/3~1/2，有时在叶脉间仅留少部分绿色组织，发病严重时引起叶片干枯死亡（图 4）。

图 2　玉米红叶病病叶

图 3　玉米红叶病植株

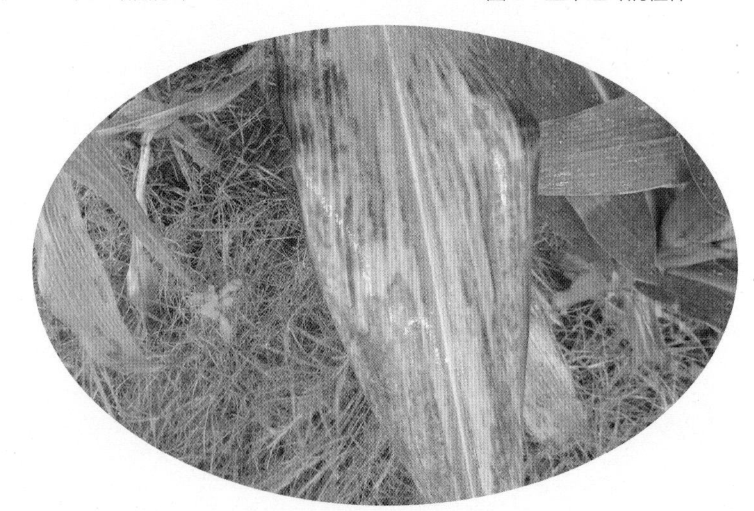

图 4　玉米红叶病引起叶片干枯

发生规律

病原菌为大麦黄矮病毒，传毒蚜虫有禾谷缢管蚜、麦二叉蚜、麦长管蚜、麦无网蚜和玉米蚜等多种蚜虫。在冬麦区，传毒蚜虫在夏玉米、自生麦苗或禾本科杂草上为害越夏，秋季迁回麦田为害。传毒蚜虫以若虫、成虫或卵在麦苗和杂草基部或根际越冬。翌年春季继续为害和传毒。秋、春两季是黄矮病传播侵染的主要时期，春季更是主要流行时期。麦田发病重、传毒蚜虫密度高，玉米发病也加重。玉米品种间发病有差异。病害发生的严重程度与当年蚜虫种群数量有关。

防治措施

1. 农业防治　种植抗病品种。

2. 化学防治　防蚜控病，搞好麦田黄矮病和麦蚜的防治，减少侵染玉米的毒源和介体蚜虫，可有效减轻玉米红叶病的发生。

十九、玉米矮化花叶病

分布与为害

玉米矮化花叶病又叫叶条纹病，在我国除东北北部地区病害发生较轻外，玉米重要栽培区均有发生，在华北局部地区、西北东部地区以及西南一些地区发病严重。矮化花叶病一般导致减产 5%~10%，重发病田，可造成较大的生产损失，甚至绝收。

症状特征

玉米整个生育期均可发病，苗期受害重，抽雄前为感病阶段。最初在心叶基部叶脉间出现许多椭圆形褪绿小点或斑纹，沿叶脉排列成断续的长短不一的条点，病情进一步发展，叶片上形成较宽的褪绿条纹，组织变硬，质脆易折断（图 1）。病株黄弱瘦小，生长缓慢，株高

图 1　玉米矮化花叶病叶片条纹症状

不到健株一半，感病越早矮化越严重，多数不能抽穗而早死，少数病株虽能抽穗，但穗小，籽粒少而秕瘦。病株根系发育弱，易腐烂。

发生规律

玉米矮化花叶病病原为病毒。病原来源，一是种子带毒，二是越冬杂草上寄生。蚜虫通过吸食叶片汁液传播，汁液摩擦和种子也有传毒作用。蚜虫介体主要是麦二叉蚜、高粱缢管蚜、玉米蚜、桃蚜和菜蚜等，其中以麦二叉蚜最为重要。病害的流行及为害程度，取决于品种抗性、病原及介体发生量，以及气候和栽培条件等。品种抗病力差、病原和传毒蚜虫量大、幼苗生长较差等都有会加重发病程度。冬暖春旱，有利于蚜虫的越冬和繁殖，发病较重。蚜虫发生为害高峰期正与春玉米易感病的苗期相吻合，发病重。田间管理粗放，杂草丛生，易发病。偏施氮肥，少施微肥，可加重病害的发生。

防治措施

1. 农业防治　种植抗病品种；调节播期，使玉米苗期避开蚜虫从小麦田向玉米田迁飞的高峰；出苗后，结合间苗，及时拔除感病弱苗，清除田间杂草，减少病原；加强肥水管理，提高抗病能力。

2. 化学防治　控制蚜虫，减少病原传播。在玉米苗期，应及时根据田间蚜虫发生状况喷施杀虫剂，控制传毒介体群体。

在发病初期，可选用抗病毒剂施药，每隔 7 d 喷 1 次。喷药时在药液中加入叶面肥，以促进叶片的光合作用，使病株迅速复绿。

第二部分 玉米害虫

一、玉米螟

分布与为害

玉米螟，又称玉米钻心虫，我国有亚洲玉米螟和欧洲玉米螟两种，其中以亚洲玉米螟为主。亚洲玉米螟在各玉米种植区都有发生，欧洲玉米螟分布在内蒙古、宁夏、河北一带，与亚洲玉米螟混生。主要为害玉米、高粱、谷子、棉花、麻类、豆类等作物。初龄幼虫蛀食嫩叶，形成排孔花叶（图 1）；雄穗抽出后，呈现小花被毁状（图 2）；3 龄后

图 1　玉米螟低龄幼虫蛀食心叶造成排孔花叶症状

幼虫钻蛀茎秆、雌穗（图 3）和雄穗（图 4）为害，在茎秆上可见蛀孔，外有幼虫排泄物（图 5），茎秆易折（图 6）；在雌穗中取食籽粒（图 7），常引起或加重穗腐病的发生（图 8）。

图 2　玉米螟为害雄穗小花

图 3　雌穗受害状

图 4　雄穗受害状

图5　玉米螟为害茎秆：蛀孔及幼虫排泄物

图6　玉米螟为害茎秆引起茎秆倒折

图7　玉米螟为害雌穗籽粒

图8　玉米螟为害雌穗引起穗腐病

形态特征

（1）成虫：体土黄色，长 12~15 mm，前后翅均横贯两条明显的浅褐色波状纹，其间有大小两块暗斑（图 9）。

（2）卵：产在叶背，呈扁椭圆形，白色，多粒排成块状（图 10）。

（3）幼虫：共 5 龄，老熟幼虫体长 20~30 mm，体背淡褐色，中央有一条明显的背线，腹部 1~8 节背面各有两列横排的毛瘤，前 4 个较大（图 11、图 12）。

图 9　玉米螟成虫

图 10　玉米螟卵块

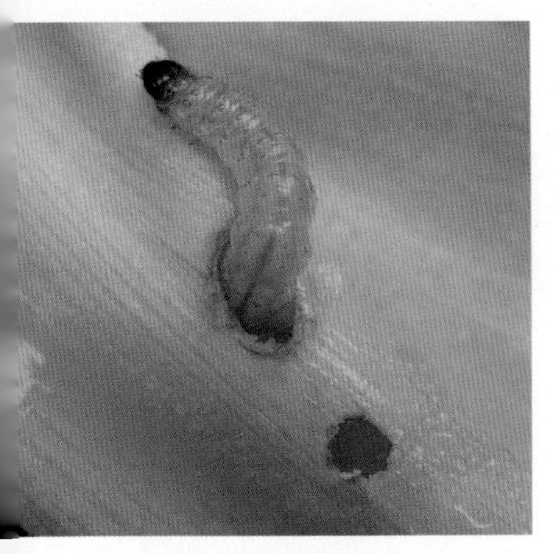

图 11　玉米螟低龄幼虫

图 12　玉米螟老熟幼虫

（4）蛹：纺锤形，红褐色，长 15~18 mm，腹部末端有 5~8 根刺钩（图 13）。

图 13　玉米螟蛹

发生规律

亚洲玉米螟年发生代数依各地气候而异，一般随纬度和海拔升高而世代数减少，从北到南，每年发生 1~6 代。以老熟幼虫在寄主被害部位或根茬内越冬。成虫昼伏夜出，有趋光性和较强的性诱反应。成虫将卵产在玉米叶背中脉附近，每块卵 20~60 粒，每头雌虫可产卵 400~500 粒，卵期 3~5 d；幼虫 5 龄，历期 17~24 d；初孵幼虫有吐丝下垂习性，1~3 龄幼虫群集在心叶喇叭口内啃食叶肉，只留表皮，或钻入雄穗中为害，幼虫发育到 4~5 龄，蛀入雌穗，影响雌穗发育和籽粒灌浆；幼虫老熟后，即在玉米茎秆、苞叶、雌穗和叶鞘内化蛹，蛹期 6~10 d。该虫的发生适宜温度为 16~30 ℃，相对湿度在 60% 以上。长期干旱、大风大雨能使卵量减少，卵及初孵幼虫大量死亡。不同品种的玉米发生数量有明显差异。

防治措施

1. 农业防治　在春季越冬幼虫化蛹羽化前，采用烧柴、沤肥、制作饲料等办法处理玉米秸秆，降低越冬幼虫数量。

2. 物理防治　在成虫盛发期，采用杀虫灯或性诱剂诱杀技术，能够诱杀大量成虫，减轻为害。

3. 生物防治　在玉米螟产卵始期至产卵盛末期，每亩释放赤眼蜂 1 万 ~2 万只。也可每亩用 100 亿活芽孢 /mL 的苏云金芽孢杆菌制剂 200 mL，按药、水、干细沙比例为 0.4 ∶ 1 ∶ 10 配成颗粒剂在玉米心叶中期撒施。还可利用白僵菌封垛,每立方米秸秆垛用菌粉 100 g(每克含孢子 50 亿 ~100 亿个)，在玉米螟化蛹前喷在垛上。

4. 化学防治　最佳防治时期为心叶末期，即大喇叭口期，可选用 3% 辛硫磷颗粒剂 300~400 g，以 1 ∶ 15 比例与细沙拌匀后在玉米心叶期撒入喇叭口内，或每亩用 40% 辛硫磷乳油 75~100 mL，或 2.5% 溴氰菊酯乳油 20~30 g，或 20% 氯虫苯甲酰胺悬浮剂 5 g，对水 50 kg 喷心叶。

二、桃蛀螟

分布与为害

桃蛀螟，又名桃蠹、桃斑蛀螟，俗称蛀心虫、食心虫，在国内分布普遍，以河北至长江流域以南的桃产区发生最为严重。寄主广泛，除为害桃、苹果、梨等多种果树的果实外，还可为害玉米、高粱、向日葵等。该虫为害玉米雌穗，以啃食或蛀食籽粒为主（图1、图2），

图2 桃蛀螟蛀食雌穗籽粒余表皮状

图1 桃蛀螟取食雌穗籽粒

也可钻蛀穗轴、穗柄及茎秆（图 3）。有群居性，蛀孔口堆积颗粒状的粪屑（图 4）。可与玉米螟、棉铃虫混合为害，严重时整个雌穗都被毁坏。被害雌穗较易感染穗腐病。茎秆、雌穗柄被蛀后遇风易折断。

图 3　桃蛀螟幼虫钻蛀玉米茎秆状

图 4　桃蛀螟排出的颗粒状粪屑

形态特征

图 5　桃蛀螟成虫

（1）成虫：体长 12 mm，翅展 22~25 mm；体黄色，翅上散生多个黑斑，类似豹纹（图 5）。

（2）卵：椭圆形，长 0.6 mm，宽 0.4 mm，表面粗糙，有细微圆点，初时乳白色，后渐变橘黄至红褐色。

（3）幼虫：体长 22~25 mm，体色多暗红色，也有淡褐、浅灰、浅灰蓝等色。头、前胸盾片、臀板暗褐色或灰褐色，各体节毛片明显，第 1~8 腹节各有 6 个灰褐色斑点，前面 4 个、后面 2 个，呈两横排列（图 6）。

（4）蛹：长 14 mm，褐色，外被灰白色椭圆形茧。

图 6　桃柱螟幼虫

发生规律

桃蛀螟一年发生2~5代，世代重叠严重。以老熟幼虫在玉米秸秆、叶鞘、雌穗中、果树翘皮裂缝中结厚茧越冬，翌年化蛹羽化，成虫有趋光性和趋糖蜜性，卵多散产在穗上部叶片、花丝及其周围的苞叶上，初孵幼虫多从雄蕊小花、花梗及叶鞘、苞叶部蛀入为害，喜湿，多雨高湿年份发生重，少雨干旱年份发生轻。卵期一般6~8 d，幼虫期15~20 d，蛹期7~9 d，完成一个世代需一个多月。第1代卵盛期在6月上旬，幼虫盛期在6月上中旬；第2代卵盛期在7月上中旬，幼虫盛期在7月中下旬；第3代卵盛期在8月上旬,幼虫盛期在8月上中旬。幼虫为害至9月下旬陆续老熟，转移至越冬场所越冬。

防治措施

1. 农业防治 秸秆粉碎还田，消灭秸秆中的幼虫，减少越冬幼虫基数。

2. 物理防治 在成虫发生期，采用频振式杀虫灯、黑光灯、性诱剂或用糖醋液诱杀成虫，以减轻下代为害。

3. 化学防治 药剂防治参见“玉米螟”。

三、高粱条螟

分布与为害

高粱条螟又称甘蔗条螟、条螟、高粱钻心虫、蛀心虫等，分布于东北、华北、华东和华南，常与玉米螟混合发生，主要为害高粱和玉米，还可为害粟、薏米、麻类等作物。

高粱条螟多蛀入茎内或蛀穗取食为害，咬空茎秆，受害茎秆遇风易折断，蛀茎处可见较多的排泄物和虫孔，蛀孔上部茎叶由于养分输送受阻，常呈紫红色。也可在苗期为害，以初龄幼虫蛀食嫩叶，形成排孔花叶，排孔较长（图 1），低龄幼虫群集为害，在心叶内蛀食叶肉，残留透明表皮（图 2），龄期增大则咬成不规则小孔，有的咬伤生长点，使幼苗呈枯心状。

图 1 高粱条螟为害叶片呈较长排孔状

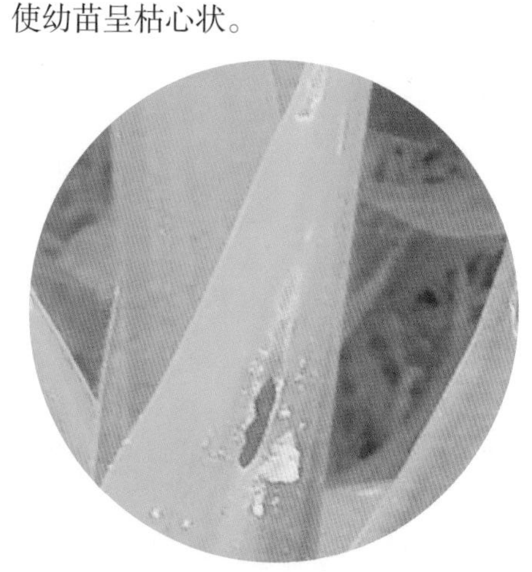

图 2 高粱条螟蛀食叶肉残留透明表皮状

形态特征

（1）成虫：黄灰色，体长 10~14 mm，翅展 24~34 mm，前翅灰黄色，中央有 1 小黑点，外缘有 7 个小黑点，翅正面有 20 多条黑褐色纵纹，后翅色较淡。

（2）卵：扁椭圆形，长 1.3~1.5 mm，宽 0.7~0.9 mm，表面有龟状纹；卵块由双行卵粒排成“人”字形，每块有卵 10 余粒，初产时乳白色，后变深黄色。

（3）幼虫：初孵幼虫乳白色，上有许多红褐色斑连成条纹；老熟幼虫淡黄色，体长 20~30 mm；幼虫分夏、冬两型；夏型幼虫胸腹部背面有明显的淡紫色纵纹 4 条，腹部各节背面有 4 个黑色斑点，上生刚毛，排成正方形，前两个卵圆形，后两个近长方形（图 3）；冬型幼虫越冬前蜕一次皮，蜕皮后体背出现 4 条紫色纵纹，黑褐斑点消失，腹面纯白色（图 4）。

图 3　高粱条螟夏型幼虫

（4）蛹：红褐色或暗褐色，长 12~16 mm，腹部第 5~7 节背面前缘有深色不规则网纹，腹末有 2 对尖锐小突起。

图 4　高粱条螟冬型幼虫

发生规律

高粱条螟在华南一年发生4~5代,长江以北旱作地区常年发生2代。以老熟幼虫在玉米和高粱秸秆中越冬，也有少数幼虫越冬于玉米穗轴中。初孵幼虫钻入心叶，群集为害，或在叶片中脉基部为害。3龄后，由叶腋蛀入茎内为害。成虫昼伏夜出，有趋光性、群集性。越冬幼虫在翌年5月中下旬化蛹，5月下旬至6月上旬羽化。第1代幼虫于6月中下旬出现，为害春玉米和春高粱。第1代成虫在7月下旬至8月上旬盛发，产卵盛期在8月中旬；第2代幼虫出现在8月中下旬，多数在夏高粱、夏玉米心叶期为害；老熟幼虫在越冬前蜕皮，变为冬型幼虫越冬。

该虫在越冬基数较大、自然死亡率低、春季降水较多的年份，第1代发生严重。一般田间湿度较高对其发生有利。

防治措施

1. 农业防治　采用粉碎、烧毁、沤肥等方法处理秸秆，减少越冬虫源；注意及时铲除地边杂草，定苗前捕杀幼虫。

2. 生物防治　在卵盛期释放赤眼蜂，每亩1万头左右，隔7~10 d放1次，连续放2~3次。

3. 化学防治　在幼虫蛀茎之前防治，此时幼虫在心叶内取食，可喷雾或向心叶内撒施颗粒剂杀灭幼虫。药剂防治参见“玉米螟”。

四、二点委夜蛾

分布与为害

二点委夜蛾主要分布于日本、朝鲜、俄罗斯、欧洲等地，2005~2007 年在河北省发现该虫为害夏玉米幼苗，是为害夏玉米的新害虫，食性杂、寄主范围广。其幼虫主要为害夏玉米苗，也为害小麦、花生、大豆幼苗等。幼虫主要从玉米幼苗茎基部钻蛀到茎心后向上取食，形成圆形或椭圆形孔洞（图 1、图 2），钻蛀较深、切断生长点时，可使心叶失水萎蔫，形成枯心苗（图 3），严重时直接蛀断，整

图 1　二点委夜蛾幼虫为害玉米苗根茎基部，呈圆形或椭圆形孔洞

图 2　二点委夜蛾幼虫从玉米苗根茎部钻蛀到茎心后向上取食，呈椭圆形孔洞

图 3　二点委夜蛾为害玉米苗造成枯心苗

株死亡；或取食玉米气生根系（图 4）,造成玉米苗倾斜或侧倒（图 5）。

图 4　二点委夜蛾幼虫为害玉米气生根系

图 5　二点委夜蛾为害造成玉米苗侧倒

形态特征

（1）成虫：体长 10~12 mm,灰褐色；前翅黑灰色,有暗褐色细点；内线、外线暗褐色，环纹为一黑点（图 6）；后翅银灰色，有光泽。

（2）卵：呈馒头状，单产，上有纵脊，初产黄绿色，后土黄色，直径不到 1 mm。

（3）幼虫：老熟幼虫体长 14~18 mm，黄黑色到黑褐色，头部褐色，腹部背面有两条褐色背侧线，到胸节消失，各体节背面前缘具有一个倒三角形的深褐色斑纹，体表光滑（图 7）。

图 6　二点委夜蛾成虫

图 7　二点委夜蛾幼虫

（4）蛹：长 10 mm 左右，淡黄褐色渐变为褐色（图 8、图 9）。

图 8　二点委夜蛾蛹（淡黄色）

图 9　二点委夜蛾蛹（褐色）

发生规律

二点委夜蛾一年发生多代，有严重的世代重叠性。成虫昼伏夜出，白天隐藏在玉米下部叶背或土缝间，特别是麦秸下。幼虫在 6 月下旬至 7 月上旬为害夏玉米苗，有假死性，受惊后蜷缩成“C”形（图 10）；一般顺垄为害，有转株为害习性；有群居性，多头幼虫常聚集在一株玉米苗下为害，可达 8~10 头（图 11）；白天喜欢躲在玉米幼苗周

图 10　二点委夜蛾幼虫受惊后蜷缩成“C”形

图 11　二点委夜蛾聚集为害

围的碎麦秸下或在 2 cm 左右的土缝内为害玉米苗；麦秆较厚的玉米田发生较重。为害寄主除玉米外，也为害大豆、花生，还取食麦秸和麦糠下萌发的小麦籽粒和自生苗。

防治措施

重点防控时期是在麦收后到夏玉米 6 叶期前。

1. 农业防治 在玉米播前进行麦田灭茬或清茬，麦收时粉碎小麦秸秆，清除播种沟的麦茬和麦秆残留物；施用腐熟剂，促使麦茬及麦秆残留物腐烂，破坏害虫滋生环境条件；提高玉米的播种质量，齐苗壮苗。

2. 物理防治 成虫有较强的趋光性，利用黑光灯、杀虫灯和糖醋液诱集成虫，集中消灭，压低成虫基数，减轻其后代为害。

3. 化学防治

（1）撒毒饵。每亩用 4~5 kg 炒香的麦麸或粉碎后炒香的棉籽饼，与对少量水的 90% 晶体敌百虫，或 40% 毒死蜱乳油，或 50% 辛硫磷乳油 500 mL 拌成毒饵；也可用甲维盐、氯虫苯甲酰胺配置毒饵，在傍晚顺垄撒在玉米根部周围。

（2）撒毒土。每亩用 40% 毒死蜱乳油或 50% 辛硫磷乳油 300~500 mL 拌 25 kg 细土，或用氯虫苯甲酰胺等制成毒土，顺垄撒于经过清垄的玉米根部周围，围棵保苗；毒土要与玉米苗保持一定距离，以免产生药害。

（3）灌药。随水灌药，每亩用 50% 辛硫磷乳油或 40% 毒死蜱乳油 1 kg，在浇地时灌入田中。

（4）喷灌保苗。将喷头拧下，逐株喷施玉米根茎部，药剂可选用 40% 毒死蜱乳油 1 500 倍液，或 30% 乙酰甲胺磷乳油 1 000 倍液等。喷灌时药液量要大，保证渗到玉米根围 30 cm 左右害虫藏匿的地方。

五、玉米蚜虫

分布与为害

玉米蚜虫又称腻虫、蚁虫，全国各地均有分布，为害玉米、高粱、小麦等多种禾本科作物和杂草。以成、若蚜群聚在玉米幼叶（图1）、叶鞘（图2）、茎秆（图3）、雄穗（图4）和

图1　玉米蚜虫为害叶片

图2　玉米蚜虫为害叶鞘

图3　玉米蚜虫为害茎秆

图4　玉米蚜虫为害雄穗

雌穗（图 5）上刺吸植物组织汁液，导致叶片变黄或发红，影响植株生长发育，同时分泌蜜露，产生黑色霉状物（图 6），影响光合作用和授粉，并传播病毒病造成减产（图 7）。

图 5　玉米蚜虫为害雌穗

图 6　玉米蚜虫产生黑色霉状物

图 7　玉米蚜虫为害雄穗影响授粉

形态特征

1. 无翅胎生雌蚜虫　体长 1.8~2.2 mm，淡绿色，体披薄白粉，复眼红褐色；触角 6 节，其长度为体长的 1/3，第 3、第 4、第 5 节无次生感觉圈；足深灰色，腹管均为黑色。

2. 有翅胎生雌蚜虫　体长 1.6~1.8 mm，翅展 5~6 mm，头、胸黑色发亮；腹部绿色或黑绿色，第 3、第 4、第 5 节两侧各有 1 个黑色小点；触角 6 节黑色；复眼灰褐色；翅透明，中脉 3 叉；足黑色，腿节和胫节末端色较淡，腹管圆筒形，上有瓦块纹，尾片乳突状，上有刚毛 2 对，与腹管均为黑色。

发生规律

玉米蚜虫一年发生10~20代，以成蚜、若蚜在禾本科植物的心叶内越冬。翌年3~4月开始活动为害小麦，4月底至5月上旬，小麦进入灌浆期，产生大量有翅蚜迁往春玉米、高粱、水稻田繁殖为害。该虫终生营孤雌生殖，到玉米大喇叭口末期蚜量迅速增加，扬花期蚜量猛增，在玉米上部叶片和雄花上群集为害，条件适宜为害持续到9月中下旬玉米成熟前。一般8~9月玉米生长中后期，日均气温低于28 ℃，适合其繁殖，其间如遇干旱、旬降水量低于20 mm，易猖獗为害。天敌有异色瓢虫、七星瓢虫（图8）、龟纹瓢虫、食蚜蝇、草蛉和寄生蜂等。

图8　玉米蚜虫天敌——七星瓢虫若虫

防治措施

1. 农业防治　清除田间地边杂草，消灭蚜虫滋生地。

2. 化学防治　药剂拌种，用70%吡虫啉可分散粒剂50~70 g、拌种10 kg，防治苗期蚜虫。在玉米拔节期，当发现中心蚜株，可喷施50%抗蚜威可湿性粉剂1 500倍液。当有蚜株率达30%~40%，出现“起油珠”（指蜜露）时，可选用10%吡虫啉可湿性粉剂或菊酯类等药剂全田普治。还可每亩用40%乐果乳油50 mL，对水500 mL稀释后，拌15 kg细沙土，拌匀制成毒沙，均匀地撒在植株心叶内，每株1 g，可兼治蓟马、玉米螟、黏虫等。

六、玉米蓟马

分布与为害

图 1　玉米蓟马为害叶片，如银粉涂层

图 2　玉米蓟马为害心叶，粘连扭曲呈鞭状

玉米蓟马在我国各玉米种植区都有发生，种类有黄呆蓟马、禾蓟马和稻管蓟马等三种，以黄呆蓟马为主，为害玉米及小麦、高粱、水稻、谷子等多种禾本科作物和杂草。玉米苗期是该虫为害最为敏感的时期，喜在玉米心叶内活动为害，主要为害叶片背面，呈现大量白色小点和断续的银白色条斑，受害严重的叶片常如涂一层银粉（图 1）；在心叶内为害时会分泌黏液，致使心叶粘连扭曲，不能展开呈鞭状（图 2、图 3），部分叶片畸形破裂（图 4），严重影响玉米的正常生长。

图 3　玉米蓟马为害心叶，粘连扭曲畸形

图 4　玉米蓟马为害叶片，畸形破裂

形态特征

玉米黄呆蓟马成虫体长 1.0~1.2 mm，黄色略暗，胸、腹背（端部数节除外）有暗黑色区域。

发生规律

玉米黄呆蓟马成虫在禾本科杂草根基部和枯叶内越冬，一般于翌年 5 月中下旬从禾本科植物迁向玉米，在玉米上繁殖 2 代。第 1 代若虫于翌年 5 月下旬至 6 月初发生在春玉米或麦类作物上，6 月中旬进入成虫盛发期，也是为害高峰期； 6 月下旬是第 2 代若虫盛发期，7 月上旬成虫为害夏玉米。以成虫和 1、2 龄若虫为害，3、4 龄若虫停止取食，掉落在松土内或隐藏于植株基部叶鞘、枯叶内。干旱对其大发生有利，降水对其发生和为害有直接的抑制作用。

防治措施

1. 农业防治　合理密植，适时浇灌，及时清除杂草，能够有效减轻玉米蓟马为害。

2. 人工防治　对已形成鞭状的玉米苗，可将鞭状叶基部豁开，促进心叶展开，恢复正常生长。

3. 化学防治　用 20% 福·克悬浮种衣剂按药种比 1∶40 进行种子包衣；为害严重时，可使用 10% 吡虫啉可湿性粉剂 2 000 倍液，或 40% 毒死蜱乳油 1 500 倍液，或 20% 氰戊菊酯乳油 3 000 倍液喷雾防治。

七、玉米叶螨

分布与为害

玉米叶螨又称玉米红蜘蛛，在我国分布广泛，对玉米为害主要发生在华北、西北等地区。主要有截形叶螨、二斑叶螨和朱砂叶螨三种，截形叶螨为优势种。寄主植物有玉米、高粱、向日葵、豆类、棉花、蔬菜等多种作物。该虫以若螨和成螨群聚叶背吸取汁液（图 1），使叶片着灰白色或枯黄色细斑（图 2），严重时叶片干枯脱落，

图 1　玉米叶螨为害叶片

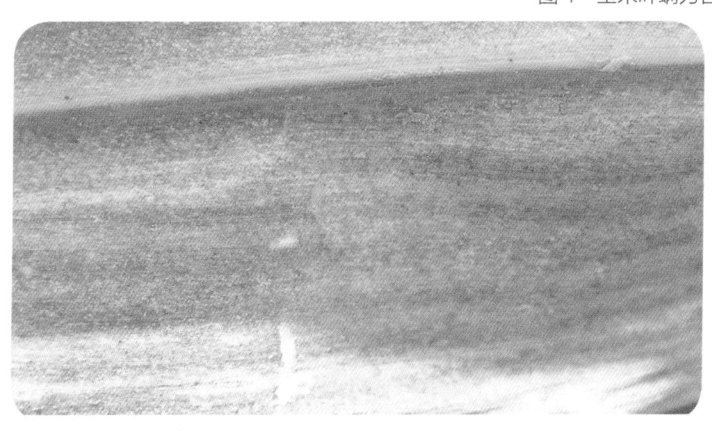

图 2　玉米叶螨为害叶片呈灰白色或枯黄色细斑状

影响生长（图 3）。

图 3 玉米叶螨大田为害状

形态特征

图 4 朱砂叶螨

1. 截形叶螨 成螨体深红色或锈红色，雌体长 0.5 mm，体宽 0.3 mm，雄体长 0.35 mm，体宽 0.2 mm。

2. 二斑叶螨 成螨体浅色黄或黄绿色，雌体长 0.42~0.59 mm，雄体长 0.26 mm。

3. 朱砂叶螨 成螨体锈红色至深红色，雌体长 0.48~0.55 mm，宽 0.3~0.32 mm，雄体长 0.35 mm，宽 0.2 mm（图 4）。

发生规律

玉米叶螨一年发生10~20代，以雌螨在土缝中或枯枝落叶上越冬，翌春气温达10 ℃以上即开始大量繁殖，在小麦、咪蒿等作物和杂草上活动取食，一般于5月中下旬玉米出苗后迁入玉米田，先为害玉米下部叶片，后向上蔓延；高温低湿的7~8月为害达到高峰；9月上旬随气温下降和玉米植株衰老，种群数量急剧下降，开始陆续转移到越冬场所。干旱年份易于大发生，7~8月降水多、相对湿度超过70%时，不利其繁殖，暴雨对其有抑制作用。

防治措施

1. 农业防治　深翻土地，早春或秋后灌水，清除田间、田埂、沟渠旁的杂草，减少叶螨食料和繁殖场所；合理及时灌水，改善田间小气候。

2. 化学防治　田间点片发生时，及时喷药进行控制。可用1.8%阿维菌素乳油2 000倍液，或15%哒螨灵乳油2 500倍液，或5%噻螨酮乳油2 000倍液喷雾防治。

八、玉米耕葵粉蚧

分布与为害

玉米耕葵粉蚧是20世纪80年代末发现的一种害虫，主要为害玉米、小麦、高粱等禾本科作物及杂草。若虫和雌成虫群集于玉米的幼苗根节或叶鞘基部外侧周围吸食汁液（图1）。玉米受害后茎基部发黑，根尖变黑腐烂，受害植株细弱矮小，茎叶发黄（图2），生长发育迟缓，严重的不能结实，甚至造成植株瘦弱枯死。

图1　玉米耕葵粉蚧若虫群集为害玉米根茎部

图2　玉米耕葵粉蚧为害叶片（发黄）

形态特征

（1）成虫：雌成虫体长 3.0~4.2 mm，宽 1.4~2.1 mm，长椭圆形扁平，两侧缘近似平行，红褐色，全身覆一层白色蜡粉。雄成虫体长 1.42 mm，宽 0.27 mm，前翅白色透明，后翅退化为平衡棒，全体深黄褐色。

（2）卵：长 0.49 mm，长椭圆形，初橘黄色，孵化前浅褐色，卵囊白色，棉絮状。

（3）若虫：共有 2 龄，1 龄若虫体长 0.61 mm，性活泼，不分泌蜡粉，进入 2 龄后开始分泌蜡粉（图 3），在地下或进入植株下部的叶鞘中为害。

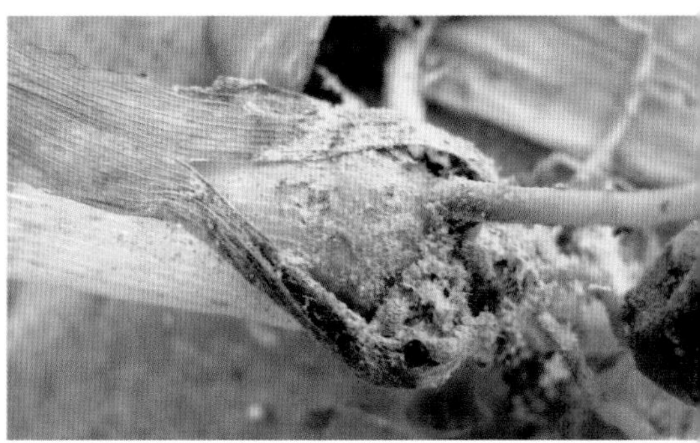

图 3　玉米耕葵粉蚧若虫分泌的白色蜡粉

（4）蛹：体长 1.15 mm，长形略扁，黄褐色，触角、足、翅明显，茧长形，白色柔密，两侧近平行。

发生规律

玉米耕葵粉蚧一年发生 3 代，以第 2 代发生时间最长、为害最严重，在 6 月中旬至 8 月上旬，主要为害夏玉米幼苗（第 1 代发生在 4 月中旬至 6 月中旬，主要为害小麦；第 3 代于 8 月上旬至 9 月上旬为害玉米或高粱，对其产量影响不大）。9~10 月雌成虫开始做卵囊产卵，附在残留于田间的玉米根茬上或秸秆上越冬。翌年 4 月气温 17 ℃左右时开始孵化，初孵若虫先在卵囊内活动 1~2 d，再向四周分散，寻找寄主后固定下来为害。1 龄若虫活泼，无蜡粉保护层，是药剂防治的最佳时期，2 龄后开始分泌蜡粉，在地下或进入植株下部的叶鞘中为害。雌若虫老熟后羽化为雌成虫，雌成虫把卵产在玉米茎基部土中或叶鞘里。

防治措施

1. 农业防治　种植抗虫品种，苗期发育较快、抗逆性较强的品种基本不受害；轮换倒茬，对发生严重的地块，可改种其他双子叶植物；加强栽培管理，小麦、玉米等作物收获后，及时深耕灭茬，并将根茬带出田外集中处理；增施有机肥、磷钾肥，促进玉米根系发育；及时中耕除草；玉米生长期遇旱及时浇水，保持土壤墒情适宜；麦田适时冬灌，有利于减轻其发生和为害。

2. 化学防治　6月下旬至7月上中旬，在其若虫2龄前进行药液灌根防治最为有效。可选用48%毒死蜱乳油，或40%氧化乐果乳油，或50%辛硫磷乳油800~1 000倍液灌根，或将喷雾器拧下旋水片喷浇玉米幼苗茎基部。

九、稻赤斑黑沫蝉

分布与为害

稻赤斑黑沫蝉，别名赤斑沫蝉、稻沫蝉、红斑沫蝉，俗称雷火虫、吹泡虫，主要为害玉米、水稻，也为害高粱、粟、油菜等。

该虫以成虫刺吸玉米叶片汁液，形成黄白色或青黄色放射状梭形大斑（图 1），并逐渐扩大，受害叶出现一片片枯白，甚至整个叶片干枯（图 2）、植株枯死（图 3），对产量影响很大。

图 1　稻赤斑黑沫蝉成虫为害玉米叶片，呈黄白色放射状梭形大斑

图 2　稻赤斑黑沫蝉为害叶片致干枯状

图 3　稻赤斑黑沫蝉为害植株致枯死状

形态特征

（1）成虫：体长 11~13.5 mm，黑色狭长，有光泽；头冠稍凸，复眼黑褐色，单眼黄红色，颜面凸出，密被黑色细毛，中脊明显；触角基部 2 节粗短，黑色；小盾片三角形，顶具一大的梭形凹陷；前翅黑色，近基部具大白斑 2 个，雄性近端部具肾状大红斑 1 个（图 4），雌性具 2 个一大一小的红斑（图 5）。

图 4　稻赤斑黑沫蝉雄性成虫

（2）卵：长椭圆形，乳白色。

（3）若虫：共 5 龄，形状似成虫，初乳白色，后变浅黑色，体表四周具泡沫状液（图 6）。

图 5　稻赤斑黑沫蝉雌性成虫

图 6　稻赤斑黑沫蝉若虫体表四周具泡沫状液

发生规律

稻赤斑黑沫蝉一年发生 1 代，以卵在田埂杂草根际或裂缝的 3~10 cm 处越冬。翌年 5 月中旬至下旬孵化为若虫，在土中吸食草根汁液，2 龄后渐向上移；若虫常从肛门处排出体液，放出或排出空气吹成泡沫，遮住身体进行自我保护，羽化前爬至土表。6 月中旬羽化为成虫，羽化后 3~4 h 即可为害，7 月为害严重，8 月以后成虫数量减少，11 月下旬终见。每头雌虫产卵 164~228 粒，卵期 10~11 个月，若虫期 21~35 d，成虫寿命 11~41 d。一般分散活动，早、晚取食，遇有高温强光则藏在杂草丛中，大发生时傍晚在田间成群飞翔。该虫的天敌主要有蚂蚁、蜘蛛、青蛙、螳螂等。

防治措施

稻赤斑黑沫蝉成虫十分活跃，弹跳力强，飞行速度快，极易惊飞逃逸，药剂很难接触虫体，只有采取综合防治的方法，才能收到较好的效果。

1. 农业防治　及时防除田间及田埂杂草，破坏成虫的生存环境；加强对天敌的保护，可以有效地控制其虫口密度。

2. 人工诱杀　用麦秆或青草扎成 30~50 cm 长的草把，洒上少许甜酒液或者糖醋混合液，于傍晚时均匀插在玉米田或稻田四周，每亩插 20 把左右，引诱成虫飞到草把上吸食，次日早上露水未干之前进行集中捕杀。

3. 化学防治

（1）若虫防治。若虫生活在土壤中，通过土表裂缝吸食杂草根部汁液，此时可用 3% 克百威颗粒剂拌细土撒施在田埂上进行防治。

（2）成虫防治。防治时间以清晨、傍晚或阴天为好；施药范围应包括距玉米田田埂 4~6 m 的四周杂草；施药时应做到同一片田、同一时间统一行动，同一田块采取从外到内的施药办法；在初见成虫时，可每亩用 48% 毒死蜱乳油 1 000 倍液，或用 45% 马拉硫磷乳油 1 000 倍液喷雾，每隔 7~10 d 喷 1 次，连续 2~3 次。

十、甘薯跳盲蝽

分布与为害

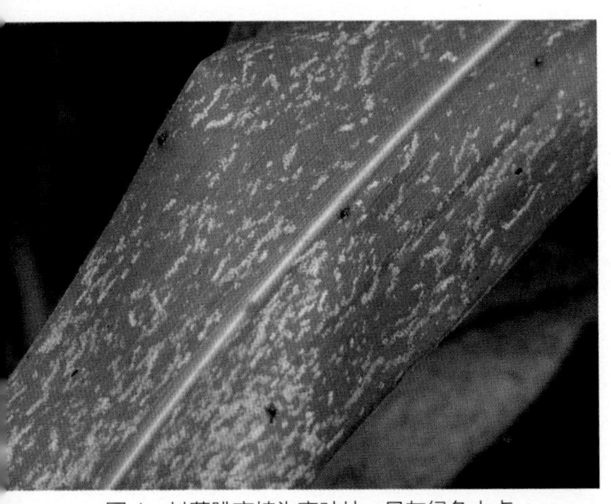

图 1　甘薯跳盲蝽为害叶片，呈灰绿色小点

甘薯跳盲蝽，又称小黑跳盲蝽、花生跳盲蝽，俗称甘薯蛋。分布在陕西、河南、江西、浙江、福建、广东、广西、台湾、四川、云南等省区。寄主为甘薯、萝卜、白菜、菜豆、花生、黄瓜、丝瓜、豇豆、大豆、茄子等。以成虫、若虫吸食老叶汁液，被害处呈现灰绿色小点（图1）。

形态特征

成虫体长 2.1 mm，宽 1.1 mm，椭圆形，黑色，具褐色短毛；头黑色，光滑，闪光；眼突，与前胸相接，颊高，等于或稍大于眼宽；喙黄褐色，基部红色，末端黑色，伸达后足基节；触角细长，黄褐色，第 1 节膨大；前胸背板短宽，前缘和侧缘直，后缘后突成弧形；小盾片为等边三角形；前翅革片短宽，前缘成弧形弯曲；楔片小，长三角形；膜片烟色，长于腹部末端；足黄褐色至黑褐色，后足腿节特别粗，内弯，胫节黄褐色，近基褐色；腹部黑褐色，具褐色毛（图2）。

图2　甘薯跳盲蝽成虫

发生规律

甘薯跳盲蝽一年发生数代，以卵在寄主组织里越冬，卵多斜向产在叶脉两侧，部分外露，卵盖上常具粪便，世代重叠；翌年5月中旬孵化，先为害豇豆、茄子、小白菜等，5月下旬开始为害甘薯。

该虫活泼善跳，趋光性弱，适宜在阴凉环境中生活，耐高温能力弱，8月高温季节不取食。初孵若虫喜群居，在植株下部叶片上取食，随虫龄增长逐渐分散。成虫、若虫多在叶面取食，雨天避于叶背，受惊后迅速逃至叶背或弹跳1 m之外。

防治措施

1. 农业防治　越冬期清除枯枝落叶和杂草，集中烧毁，消灭越冬卵。

2. 化学防治　可用50%辛硫磷乳油1 000倍液，或40%乐果乳油1 000倍液，或48%毒死蜱乳油1 500倍液喷雾，每隔7~10 d喷1次，连续2次即可。

十一、玉米双斑萤叶甲

分布与为害

玉米双斑萤叶甲分布广泛，为害玉米、大豆、棉花、谷子、豆类、马铃薯、蔬菜等多种作物，为杂食性害虫。成虫取食玉米叶片，造成叶片、叶肉缺损，残留白色表皮（图1），形成连片白斑（图2），一般不形成孔洞；取食雌穗花丝（图3）和花粉，影响授粉。也取食幼嫩的穗尖或籽粒，造成籽粒缺损。

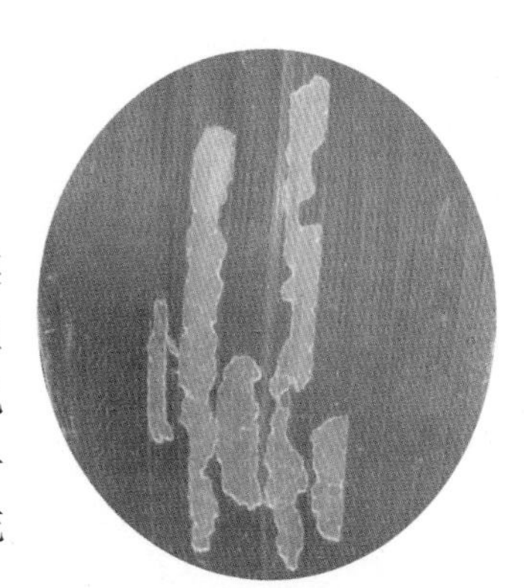

图1 玉米双斑萤叶甲为害叶片，残留白色表皮

图2 玉米双斑萤叶甲为害叶片，形成连片白斑

图3 玉米双斑萤叶甲取食雌穗花丝

形态特征

成虫体长 3.5~4.8 mm，宽 2~2.5 mm，长卵形，棕黄色，具光泽，头胸部红褐色，鞘翅上半部为黑色，每个鞘翅基部具一近圆形淡色斑点；鞘翅下半部为黄色，两翅后端合为圆形（图 4）。

图 4　玉米双斑萤叶甲成虫

发生规律

玉米双斑萤叶甲一年发生 1 代，以卵在土中越冬，翌年 5 月开始孵化。幼虫共 3 龄，幼虫期 30 d 左右，在土下 3~8 cm 活动或取食作物根部及杂草，老熟幼虫在土中做土室化蛹，蛹期 7~10 d，7 月初始见成虫，成虫期 3 个多月，初羽化的成虫喜在地边、沟旁、路边的苍耳、刺菜、红蓼上活动，约经 15 d 转移到豆类、玉米、高粱、谷子、杏树、苹果树上为害，7~8 月进入为害盛期，大田收获后，转移到十字花科蔬菜上为害，成虫羽化后经 20 d 开始交尾产卵，卵散产或数粒黏在一起，产在田间或菜园附近草丛中的表土下或杏、苹果等叶片上。成虫有群集性、弱趋光性，飞翔力弱。在一株上自上而下地取食，日光强烈时常隐蔽在下部叶背或花穗中。气温高于 15 ℃成虫活跃，干旱年份发生重。

防治措施

1. 农业防治　越冬期清除枯枝落叶和田间地边的杂草，集中烧毁，深松土壤，杀灭越冬虫卵。

2. 化学防治　成虫发生严重时，每亩用 10% 吡虫啉 20 g 对水 50~60 kg 喷雾，或 50% 辛硫磷乳油 1 500 倍液喷雾，喷药时间最好在上午 10 时前和下午 5 时后，重点喷洒受害叶片或雌穗周围。一般喷洒 1~2 次即可控制虫害。

十二、大螟

分布与为害

大螟在我国中南部都有发生，以南方各省的局部地区发生较多。寄主广泛，可为害水稻、玉米、高粱、甘蔗、小麦、粟、茭白及向日葵等作物，以及多种禾本科杂草。以幼虫为害玉米。苗期受害后叶片上出现孔洞或植株出现枯心、断心、烂心、矮化，甚至形成死苗。在喇叭口期受害后，可在展开的叶片上见到排孔。幼虫喜取食尚未抽出的嫩雄穗，还蛀食玉米茎秆和雌穗，造成茎秆折断（图 1）、烂穗。

图 1　大螟为害玉米引起茎秆折断

大螟为害的孔较大，有大量虫粪排出茎外（图 2 ~ 图 4）。

图 2　大螟为害玉米茎秆（蛀孔外虫粪）

图 3　大螟为害玉米茎秆（蛀孔）

图 4　大螟为害玉米茎秆状

形态特征

（1）幼虫：体肥大，老熟幼虫体长 30 mm 左右，红褐色至暗褐色，胸腹背面桃红色，腹足发达，趾钩 1 行单序半环形，体节上着生疣状突起，其上着生短毛（图 5）。

图 5　大螟幼虫

（2）蛹：长 13~18 mm，粗壮，红

褐色，腹部具灰白色粉状物，臀棘有 3 根钩棘（图 6）。

（3）成虫：雌蛾体长 15 mm，翅展约 30 mm，头胸部浅黄褐色，触角丝状，前翅近长方形，浅灰褐色，中间具小黑点 4 个，排成四角形。雄蛾体长约 12 mm，翅展 27 mm，触角栉齿状（图 7）。

图6 大螟蛹

图7 大螟雄成虫

发生规律

大螟从北到南一年发生 2~8 代，以老熟幼虫在寄主残体或近地面的土壤中越冬，翌年 3 月中旬化蛹；4 月上旬交尾产卵，喜在玉米苗上和地边产卵，多集中在玉米茎秆较细、叶鞘抱合不紧的植株靠近地面的第 2 节和第 3 节叶鞘的内侧，可占产卵量的 80% 以上； 4 月下旬为孵化高峰期，刚孵化出的幼虫，群集叶鞘内侧，蛀食叶鞘和幼茎，幼虫 3 龄以后，分散蛀茎。成虫白天潜伏，傍晚开始活动，趋光性较弱，寿命 5 d 左右。早春 10 ℃以上的温度来得早，则大螟发生早；靠近村庄的低洼地及麦套玉米地发生重；春玉米发生偏轻，夏玉米发生较重。

防治措施

1. 农业防治 控制越冬虫源，在冬季或早春成虫羽化前，处理存留的虫蛀茎秆，杀灭越冬虫蛹。人工灭虫，在玉米苗期，人工摘除田间幼苗上的卵块，拔除枯心苗（原始被害株，带有低龄幼虫）并销毁，降低虫口，防止幼虫转株为害。

2. 化学防治 在大螟卵孵化始盛期初见枯心苗时，选用 18% 的杀虫双水剂、10% 虫螨腈悬浮剂或 48% 毒死蜱乳油喷雾防治，重点喷到植株茎基部叶鞘部位。

十三、大青叶蝉

分布与为害

大青叶蝉在全国各地均有分布，为害玉米、棉花、谷子、大豆、水稻、马铃薯、蔬菜和果树等 39 科 160 多种农作物，属杂食性害虫。为害多种植物的叶、茎，成虫和若虫在玉米上刺吸为害叶片，造成褪色、畸形、卷缩，甚至全叶枯死。此外，还可传播病毒病。

形态特征

雌成虫体长 9.4~10.1 mm，雄成虫体长 7.2~8.3 mm。头部三角形，正面淡褐色，两颊微青，头顶有黑斑 1 对。复眼绿色。前胸背板淡黄绿色，后半部深青绿色。小盾片淡黄绿色，中间横刻痕较短，不伸达边缘。前翅绿色，端部色淡近透明（图 1、图 2）。

图 2　大青叶蝉成虫

图 1　大青叶蝉成虫为害叶片

发生规律

大青叶蝉在我国北部一年发生 3 代。散乱在树木枝条表皮下越冬。翌年 4 月孵化。第 1 代成虫出现于 5~6 月，第 2 代成虫出现于 7~8 月，此时成虫和若虫为害高粱、玉米、豆类、甘薯、花生、麦类等多种农作物。9~10 月出现第 3 代成虫。大田作物秋收后，大部分集中在白菜、萝卜等秋季蔬菜和小麦上，10 月中旬陆续转移到果树林木上为害，产卵于枝条上并以卵越冬。

防治措施

1. 农业防治 铲除田边地头杂草，特别是禾本科杂草；及时中耕，控制田间杂草，减少大青叶蝉的寄主。

2. 物理防治 利用成虫的趋光性，在成虫发生期，采用灯光诱杀。

3. 化学防治 大青叶蝉发生较重时，可以喷施 10% 吡虫啉可湿性粉剂 2 000 倍液，或 20% 啶虫脒乳油 3 000 倍液，或 2.5% 高效氯氟氰菊酯乳油 3 000 倍液进行防治。

十四、斑须蝽

分布与为害

斑须蝽在全国各地均有发生，为害玉米、小麦、棉花、油菜、豆类等作物，属杂食性害虫。成虫及若虫有恶臭，均喜群集于作物幼嫩部分和穗部吸食汁液。在玉米上主要为害叶、雄穗及幼嫩的雌穗，叶片被刺吸后，可以产生白色小点，一般不造成明显的产量损失。

形态特征

成虫体长 8~13.5 mm，宽约 6 mm，椭圆形，黄褐色或紫色，密被白茸毛和黑色小刻点；触角黑白相间；喙细长，紧贴于头部腹面。小盾片近三角形，末端钝而光滑，黄白色。前翅红褐色（图 1）。

图 1　斑须蝽成虫

发生规律

斑须蝽一年发生2~4代，以成虫在植物根际、枯枝落叶下、树皮裂缝中或屋檐底下等隐蔽处越冬。越冬代成虫翌年4月开始活动，为害小麦及越冬寄主。6月上旬第1代成虫出现，第2代成虫7月上旬盛发。成虫羽化后必须摄取大量食物才能产卵，所以成虫产卵前期是为害最严重的时期。初孵若虫群集为害，2龄后扩散为害。

防治措施

斑须蝽不是旱粮作物的重要害虫，一般不需采取特定的防治措施，可在防治其他害虫时予以兼治。

1. 农业防治　清除田间及四周杂草，集中烧毁或沤肥。

2. 化学防治　虫害发生严重时，可喷施杀虫剂进行防治，如50%辛硫磷可湿性粉剂1 500倍液、10%吡虫啉可湿性粉剂2 000倍液。

十五、赤须盲蝽

分布与为害

赤须盲蝽又称赤须蝽，属半翅目盲蝽科，有成虫、若虫和卵三种虫态。触角红色，故称赤须盲蝽。在我国主要分布在华北、东北和西北地区，为害玉米、小麦、高粱、谷子、燕麦、棉花、甜菜等作物。以成虫、若虫在玉米叶片上刺吸汁液，被害叶片上密布白色小点状害斑（图 1），严重时小斑点连成线，对玉米光合作用及营养代谢有一定影响，为害严重时，被害叶片枯死。

图 1　赤须盲蝽成虫为害叶片，形成白色小点状

形态特征

成虫身体细长，长 5~6 mm，宽 1~2 mm，虫体绿色。头部略成三角形，顶端向前方突出，触角 4 节，红色，等于或略短于体长，第 1 节粗短，第 2、3 节细长，第 4 节短而细，前翅绿色（图 2）。

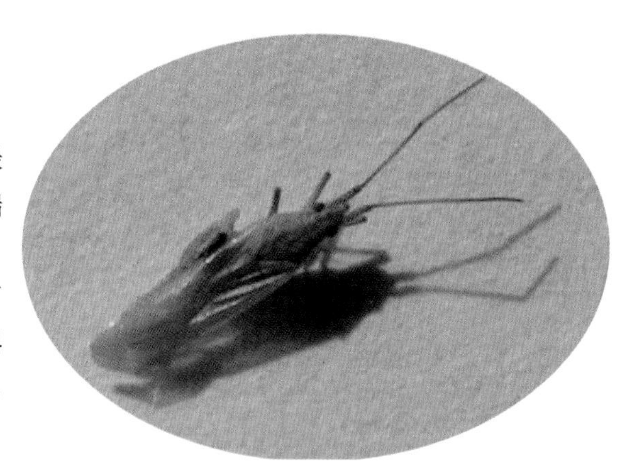

图 2　赤须盲蝽成虫，触角红色

发生规律

华北地区一年发生 3 代，以卵越冬。翌年第 1 代若虫于 5 月上旬进入孵化盛期，5 月中下旬羽化。第 2 代若虫 6 月中旬盛发，6 月下旬羽化。第 3 代若虫于 7 月中下旬盛发，8 月下旬至 9 月上旬，雌虫在杂草茎叶组织内产卵越冬。该虫成虫产卵期较长，有世代重叠现象。每次产卵一般 5~10 粒。初孵若虫在卵壳附近停留片刻后，便开始活动取食。成虫在上午 9 时至下午 5 时这段时间活跃，夜间或阴雨天多潜伏在植株中下部叶背面。

防治措施

1. 农业防治　搞好田间卫生，及时清除枯茬杂草，减少越冬卵。

2. 化学防治　当赤须盲蝽为害严重时，可用 10% 吡虫啉可湿性粉剂 1 000 倍液或 3% 啶虫脒 1 500 倍液喷雾防治。

十六、玉米旋心虫

分布与为害

图 1　玉米旋心虫幼虫钻蛀玉米苗基部

玉米旋心虫分布于吉林、辽宁、山西等地。主要为害玉米、高粱、谷子等。以幼虫在玉米苗茎基部蛀入(图1、图2)，常造成花叶(图3)、枯心，叶片卷缩畸形，重者分蘖较多，植株

图 3　玉米旋心虫为害叶片呈花叶状

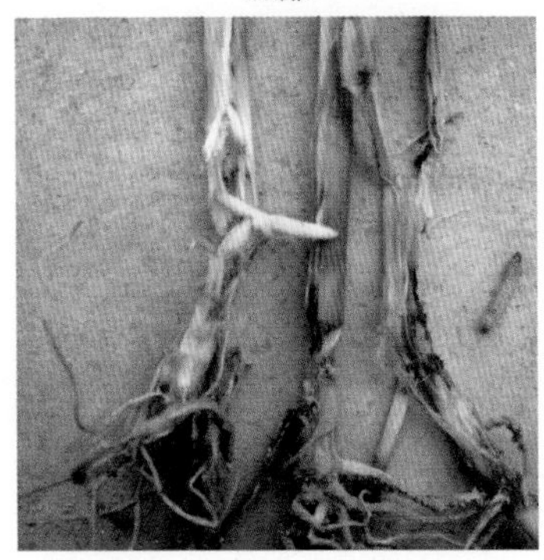
图 2　玉米旋心虫为害状

畸形，不能正常生长（图 4）。

图 4　玉米旋心虫为害致玉米苗分蘖增多

形态特征

老熟幼虫体长 8~11 mm。黄色，头部褐色，体共 11 节，各节体背排列着黑褐色斑点，前胸盾板黄褐色。中胸至腹部末端每节均有红褐色毛片，中、后胸两侧各有 4 个，腹部 1~8 节两侧各有 5 个。臀节臀板呈半椭圆形，背面中部凹下，腹面也有毛片突起（图 5）。卵椭圆形，长约 0.6 mm，卵壳光滑，初产黄色，孵化前变为褐色。蛹呈黄色裸蛹，长 6 mm。

成虫体长 5~6 mm，全体密被黄褐色细毛，头部黑褐、鞘翅绿色。前胸黄色，宽大于长，中间和两侧有凹陷，无侧缘。胸节和鞘翅上布满小刻点，鞘翅翠绿色，具光泽。足黄色。雌虫腹末呈半卵圆形，略超过鞘翅末端，雄虫则不超过翅鞘末端。

图 5　玉米旋心虫幼虫

发生规律

玉米旋心虫在北方一年发生1代，以卵在土壤中越冬。5月下旬至6月上旬越冬卵陆续孵化，幼虫蛀食玉米苗，在玉米幼苗期可转移多株为害，苗长至30 cm左右后，很少再转株为害。幼虫为害盛期在7月上中旬，7月下旬为化蛹、羽化盛期，8月上中旬陆续在土中产卵越冬。成虫白天活动，有假死性。卵多产在疏松的玉米田土表中或植物须根上，每只雌虫可产卵20粒左右。幼虫夜间活动，老熟幼虫在土下2~3 cm筑室化蛹，蛹期5~8 d。一般降水充沛年份发生重，晚播及连作田块发生重。

防治措施

1. 农业防治　合理轮作，避免连茬种植，以减轻为害。

2. 化学防治

（1）每亩用25%甲萘威可湿性粉剂，或用2.5%的敌百虫粉剂1~1.5 kg，拌细土20 kg，搅拌均匀后，在幼虫为害初期（玉米幼苗期）顺垄撒在玉米根周围，杀伤转移为害的害虫。

（2）用90%晶体敌百虫1 000倍液，或用80%敌敌畏乳油1 500倍液喷雾，每亩喷药液60~75 kg。

十七、网目拟地甲

分布与为害

网目拟地甲分布在东北地区及河北、北京、山东、山西、甘肃、陕西和安徽等地。食性杂，可为害小麦、花生、豆类、蔬菜等 34 科 110 余种植物。成虫主要取食萌发的种子、幼苗的嫩茎与嫩根，影响出苗，幼虫则钻入根茎、块根和块茎内为害，造成幼苗枯萎、死亡。

形态特征

雌成虫体长 7.2~8.6 mm，宽 3.8~4.6 mm；雄成虫体长 6.4~8.7 mm，宽 3.3~4.8 mm。成虫羽化初期乳白色，逐渐加深，最后全体呈黑色略带褐色，一般鞘翅上都附有泥土，因此外观成灰色。虫体椭圆形，头部较扁，背面似铲状，复眼黑色在头部下方。触角棍棒状 11 节。前胸发达，前缘呈半月形，其上密生点刻如细沙状。鞘翅近长方形，其前缘向下弯曲将腹部包住，故有翅不能飞翔，鞘翅上有 7 条隆起的纵线，每条纵线两侧有突起 5~8 个，形成网格状。

初孵幼虫体长 2.8~3.6 mm，乳白色，老熟幼虫体长 15~18.3 mm，体细长与金针虫相似，深灰黄色，背板色深。足 3 对，前足发达。腹部末节小，纺锤形，背板前部稍突起成一横沟，前部有褐色钩形纹 1 对（图 1）。

图 1　网目拟地甲幼虫

发生规律

网目拟地甲在东北、华北地区一年发生 1 代。以成虫在土中及枯枝、落叶下越冬，翌年早春越冬成虫即开始活动。在河北、山东、山西等省，为害盛期一般在 3~4 月；辽宁、吉林等省，为害盛期在 5~6 月。5 月始见幼虫，6 月始见蛹，7~8 月为成虫羽化盛期。在华北地区，羽化后的成虫在秋季可继续为害，以后再潜土越冬。成虫不能飞翔，只在土面爬行，有很强的假死性，具孤雌生殖能力。性喜干燥，一般多发生在旱地或较黏性土壤中，特别是田埂等处。

防治措施

1. 农业防治 提早播种或定植，错开其发生期。

2. 化学防治

（1）药剂防治。可采用 4.5% 高效氯氰菊酯乳油或 50% 辛硫磷乳油喷雾或灌根处理。

（2）土壤处理。为害严重的地区于播种前或移植前用 3% 米乐尔颗粒剂，每亩 2~6 kg，混细干土 50 kg，均匀地撒在地表，深耙 20 cm，也可撒在栽植沟或定植穴内，浅覆土后再定植，可有效地兼治金针虫、蛴螬等地下害虫。

十八、黏虫

分布与为害

黏虫又称东方黏虫、行军虫、夜盗虫、剃枝虫、五彩虫、麦蚕等，属鳞翅目夜蛾科。黏虫在我国除新疆未见报道外，遍布全国各地。

黏虫幼虫咬食叶片，1~2 龄幼虫仅食叶肉形成小孔，3 龄后才形成缺刻（图 1），5~6 龄达暴食期，严重时将叶片吃光，植株成为光杆（图 2、图 3），造成严重减产，甚至绝收（图 4）。当一块田被吃光

图 1　黏虫蚕食玉米叶片呈缺刻状

图 2　黏虫吃光玉米苗叶片呈光杆状

图 3　黏虫为害玉米呈光杆状

后，幼虫常成群迁到另一块田为害，故又名“行军虫”。黏虫除为害小麦、水稻外，在杂粮田主要为害玉米、高粱、谷子等多种禾本科作物和杂草（图 5~9）。

图 4　黏虫为害造成玉米缺苗断垄

图 5　黏虫为害小麦叶片

图 6　黏虫低龄幼虫为害谷子症状

图 7　黏虫为害谷穗

图 8　黏虫为害玉米雌穗

图 9　黏虫为害玉米花丝

形态特征

（1）成虫：体淡褐色或黄褐色，体长 16~20 mm，雄蛾颜色较深。前翅近前缘中部有 2 个淡黄色圆斑，外面圆斑的下面有 1 个小白点，白点两侧各有 1 个小黑点，自顶角至后缘有 1 条黑色斜纹（图 10）。

（2）卵：馒头形，初产时白色，渐变黄色，孵化时黑色。卵粒常排列成 2~4 行或重叠堆积成块，每个卵块一般有几十粒至百余粒卵（图 11）。

图 10　黏虫成虫

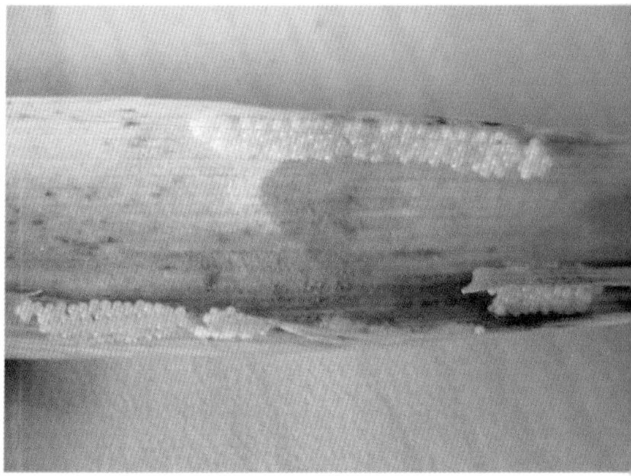

图 11　黏虫卵

（3）幼虫：共 6 龄，老熟幼虫体长 35~40 mm。体色随龄期和虫口密度而变化较大，从淡绿色到黑褐色。头部有“八”字形黑纹，体背有 5 条不同颜色的纵线，腹部整个气门孔为黑色，具光泽（图 12）。

（4）蛹：棕褐色，腹部背面第 5~7 节后缘各有一列齿状点刻，尾端有刺 6 根，中央 2 根较长（图 13）。

图 12 黏虫幼虫

图 13 黏虫蛹

发生规律

黏虫属迁飞性害虫，其越冬分界线在北纬 33° 一带，我国从北到南 1 年发生 2~8 代。河南省一年发生 4 代。第 1 代幼虫发生于 4 月下旬至 5 月上旬，主要在黄河以南麦田为害；第二代幼虫发生在 6 月下旬，主要为害玉米；第 3 代幼虫发生于 7 月底至 8 月上中旬，主要为害玉米、谷子；第 4 代幼虫发生于 9 月中下旬，主要取食杂草，个别年份发现 10 月中下旬为害小麦。成虫产卵于叶尖或嫩叶、心叶皱缝间，常使叶片成纵卷。幼虫共 6 龄，初孵幼虫行走如尺蠖，有群集性，1、2 龄幼虫多在植株基部叶背或分蘖叶背光处为害，3 龄后食量大增，5~6 龄进入暴食阶段，其食量占整个幼虫期的 90% 左右。3 龄后的幼虫有假死性，受惊动迅速蜷缩坠地，晴天白昼潜伏在根处土缝中，傍晚后或阴天爬到植株上为害。老熟幼虫入土化蛹。该虫适宜温度为 10~25 ℃，相对湿度为 85%。气温低于 15 ℃或高于 25 ℃，产卵明显减少，气温高于 35 ℃即不能产卵。成虫需取食花蜜补充营养。天敌主要有步行甲、蛙类、鸟类、寄生蜂、寄生蝇等。

防治措施

1.物理防治 利用糖醋盆、黑光灯等诱杀成虫；利用枯草把引诱成虫产卵并集中灭卵。

2. 化学防治 防治适期掌握在 3 龄前。每亩可用灭幼脲 1 号有效成分 1~2 g 或灭幼脲 3 号有效成分 3~5 g 对水 30 kg 均匀喷雾，也可用 90% 晶体敌百虫 1 000~1 500 倍液，或 50% 辛硫磷乳油 1 000~1 500 倍液，或 4.5% 高效氯氰菊酯乳油 2 500~3 000 倍液，或 2.5% 溴氰菊酯乳油 2 500~3 000 倍液，喷雾防治。

十九、东亚飞蝗

分布与为害

东亚飞蝗又名蚂蚱，属直翅目蝗科，在我国主要分布在北纬42°以南的冲积平原地带，以河北、山东、河南、天津、山西、陕西等省（市）发生较重。东亚飞蝗主要为害玉米、高粱、谷子、芦苇等禾本科作物，以成虫、若虫咬食植物叶和茎（图1），可将植物吃成光杆（图2），可造成毁灭性的农业生物灾害。

图1 东亚飞蝗为害玉米叶片

图2 东亚飞蝗为害玉米造成光秆

形态特征

（1）成虫：雄成虫体长33~48 mm，雌成虫体长39~52 mm（图3）。有群居型、散居型和中间型三种类型。群居型体色为黑褐色。散居型体色为绿色或黄褐色。中间型体色为灰色。

图 3　东亚飞蝗成虫

成虫头部较大，颜面垂直。触角丝状，淡黄色。前胸背板马鞍形，中隆线明显，两侧常有暗色纵条纹，群居型条纹明显，散居型和中间型条纹不明显或消失；从侧面看，散居型中隆线上缘呈弧形，群居型较平直或微凹。

（2）卵：卵块（图 4）黄褐色或淡褐色，呈长筒形，长 45~67 mm，卵粒排列整齐，微斜成 4 行长筒形，每块有卵 40~80 粒，个别多达 200 粒。

（3）蝗蝻：蝗虫的若虫称蝗蝻（图 5），有 5 个龄期。1 龄体长 5~10 mm，触角 13~14 节；2 龄体长 8~14 mm，触角 18~19 节；3 龄体长 10~20 mm，触角 20~21 节；4 龄体长 16~25 mm，触角 22~23 节；5 龄体长 26~40 mm，触角 24~25 节。

图 4　东亚飞蝗卵块

图 5　东亚飞蝗蝗蝻

发生规律

东亚飞蝗在我国从北至南一年可以发生1~5代。以卵在土中越冬。黄淮海流域第1代夏蝗4月中下旬孵化，6月中下旬至7月上旬羽化为成虫。第2代7月中下旬至8月上旬孵化，8月下旬至9月上旬羽化为成虫。有迁飞习性。喜食玉米等禾本科作物及杂草，饥饿时也取食大豆等阔叶作物。

东亚飞蝗的适生环境为地势低洼、易涝易旱或水位不定的河库、湖滩地或沿海盐碱荒地，泛区、内涝区也易成为飞蝗的繁殖基地。大面积荒滩或间有耕作粗放的夹荒地最适宜蝗虫产卵。一般年份这些荒地随着水面缩小而增大，宜蝗面积增加。先涝后旱是导致蝗虫大发生的最重要条件。聚集、扩散与迁飞是飞蝗适应环境的一种行为特点。

防治措施

1. 生态控制技术　兴修水利，稳定湖河水位，大面积垦荒种植，精耕细作，减少蝗虫滋生地；植树造林，改善蝗区小气候，消灭飞蝗产卵繁殖场所；因地制宜种植紫穗槐、冬枣、牧草、马铃薯、麻类等飞蝗不食的作物，断绝其食物来源。

2. 生物防治　目前国内常用的生物治蝗方法主要是利用蝗虫微孢子虫和绿僵菌制剂进行防治。

应用蝗虫微孢子虫或绿僵菌防治东亚飞蝗的最佳时机为蝗蝻2~3龄期。蝗虫微孢子虫的使用量为每亩（2~3）$\times 10^9$个孢子，采用喷雾和饵剂的方式给药。20%杀蝗绿僵菌油剂的使用量为每亩25~30 mL，主要采用人工地面喷雾和飞机超低量喷雾。人工地面喷雾时，应按每亩规定用量加入500 mL专用稀释液中进行稀释，飞机超低量喷雾每亩用量一般为40~60 mL。

3. 化学防治　在蝗虫大发生年或局部蝗区蝗情严重时，必须使用化学农药。施药的时期要掌握在3龄前。人工喷雾可选用50%马拉硫磷乳油1 000倍液，飞机喷雾选用菊酯类农药，对东亚飞蝗均有很好的防治效果。

二十、土 蝗

分布与为害

土蝗是非远距离迁飞的蝗虫种类的统称，种类繁多，分布广泛，多生活在山区坡地以及平原低洼地区的高岗、田埂、地头等处。食性复杂，为害粮食作物及棉花、蔬菜等（图 1）。主要优势种有黄胫小车蝗、短额负蝗（图 2）、中华稻蝗（图 3）、短星翅蝗等。

图 1　土蝗为害玉米植株

图 2　短额负蝗

图 3　中华稻蝗

形态特征

1. 黄胫小车蝗　成虫（图4）雄虫体长21~27 mm，雌虫体长30.5~39 mm。虫体黄褐色，有深褐色斑。头顶短宽，顶端圆形。前胸背板平，中央隆起如脊状，并有淡色“X”形纹。前翅端部较透明，散布黑色斑纹，基部斑纹大而宽；后翅中部的暗色带纹常到达后缘，雄性后翅顶端色略暗。后足股节底侧红色或黄色；后足胫节基部黄色，部分常混杂红色，无明显分界。

图4　黄胫小车蝗成虫

2. 短额负蝗　成虫体中小型。雄虫体长19~23 mm，雌虫体长28~36 mm。头顶较短，其长度等于或略长于复眼纵径。体绿色或土黄色。头部圆锥形，呈水平状向前突出。前翅较长，后翅略短于前翅，基部粉红色。

3. 短星翅蝗　成虫（图5）体中型，雌雄个体差异较大。雌虫体

图5　短星翅蝗成虫

长 25~32.5 mm，雄虫体长 19~22 mm，头略大，较短于前胸背板。前胸背板略平，有明显的侧隆线，中隆线较低，在中部有 3 道明显横沟；前胸腹板在两前足之间具乳状突起。前翅短，翅长常达后足股节顶端，并有黑色小斑点。后足股节呈红色，粗壮，上缘有 3 个黑斑，上缘有小齿，外方羽状构造颇明显，内侧呈玫瑰色或红色，有两个不完整的黑斑，两行胫节刺，雄虫各 8 枚，雌虫各 9 枚。雄虫的尾须粗大，扁平，顶端分成两齿，上面的齿大，下面又分成两个小齿。

另外，对农作物为害比较严重的土蝗还有笨蝗（图 6）、花胫绿纹蝗（图 7）、大垫尖翅蝗（图 8）、宽翅曲背蝗（图 9）、轮纹异痂蝗（图

图6　笨蝗

图7　花胫绿纹蝗

图8　大垫尖翅蝗

图9　宽翅曲背蝗

10）、日本黄脊蝗（图 11）、疣蝗（图 12）、中华蚱蜢（图 13）等。

图 10　轮纹异痂蝗

图 11　日本黄脊蝗

图 12　疣蝗

图 13　中华蚱蜢

发生规律

黄胫小车蝗在河北北部、西部山区及晋中、晋北地区一年发生1代，河北南部、陕西关中地区、汉水流域、山西南部的黄河沿岸低海拔地区及山东、河南等地一年发生2代，各地均以卵越冬。1代区8月中旬为羽化高峰。2代区6月下旬至7月上中旬羽化出第1代成虫；第2代蝗蝻于7月下旬至8月上旬开始孵化，8月中旬进入孵化盛期，9月中下旬羽化出第2代成虫，第1、2代成虫均于10月下旬至11月上旬死亡。喜食谷子、小麦等禾本科作物。蝗蝻和成虫均具有群集习性和一定的迁移能力。

短额负蝗在河北省一年发生2代，以卵过冬。越冬卵5月中下旬孵化，6月下旬开始羽化。第2代蝗蝻于9月上旬羽化，10月下旬至11月上旬成虫陆续死亡。在长江流域地区一年发生2代。以卵在土中越冬。越冬卵于5月孵化，11月雌成虫产越冬卵。成虫喜在高燥向阳的道边、渠埂、堤岸及杂草较多的地方产卵。

短星翅蝗在北方一年发生1代，以卵在土中越冬。越冬卵于5月中旬开始孵化，5月下旬至6月上旬为孵化盛期，6月下旬至7月上旬陆续羽化为成虫。北方地区成虫10月上旬陆续死亡，南部地区可延至10月。蝗蝻和成虫跳跃力较强，不善飞翔，不远迁，喜欢在地面活动，发生比较集中。

防治措施

1. 农业防治 依据土蝗喜产卵于田埂、渠坡、埝埂等环境的习性，深耕细耙，结合修整田埂、清淤等农事活动，用铁锹铲出田埂，深度2~3 cm，或清淤时将土翻压于渠埝之上，将卵块铲断，效果明显。

2. 化学防治 虫害发生严重时，应及时喷施农药进行防治，如45% 马拉硫磷乳油1 500倍液，或40% 溴氰菊酯乳油1 000倍液，或20% 氰戊菊酯乳油500~800倍液。

二十一、棉铃虫

分布与为害

图 1　棉铃虫为害玉米叶片

棉铃虫又名钻桃虫、钻心虫等，属鳞翅目夜蛾科，分布广，食性杂，可为害棉花、玉米、高粱、小麦、水稻、番茄、菜豆、豌豆、苜蓿、芝麻、向日葵、烟草、花生等多种农作物。

棉铃虫幼虫可食叶、蛀蕾、蛀花、蛀果（果穗），但以蛀果（果穗）为主。为害玉米时，幼虫食害嫩叶，成缺刻或孔洞（图 1）； 幼虫可咬断花丝（图 2），造成部分籽粒不育，使果穗弯向一侧； 幼虫还取食嫩穗轴和籽粒（图 3），

图 2　棉铃虫幼虫为害玉米花丝

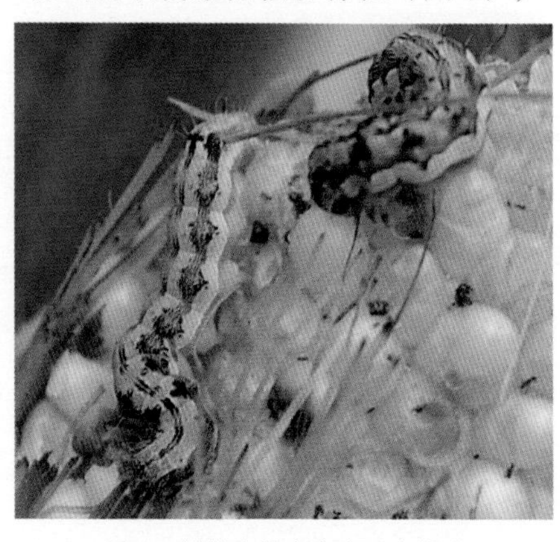
图 3　棉铃虫幼虫为害玉米雌穗

多数幼虫从果穗顶部取食，少数从果穗中部苞叶蛀洞，进入穗轴。

形态特征

（1）成虫：体长 15~20 mm，前翅颜色变化大，雌蛾多黄褐色，雄蛾多绿褐色，外横线有深灰色宽带，带上有 7 个小白点，肾形纹和环形纹暗褐色（图 4）。

（2）卵：近半球形，初产时乳白色，近孵化时紫褐色（图 5）。

（3）幼虫：老熟幼虫体长 40~45 mm，头部黄褐色，气门线白色，体背有十几条细纵线条，各腹节上有刚毛疣 12 个，刚毛较长。两根前胸侧毛（L1、L2）的连线与前胸气门下端相切，这是区分棉铃虫幼虫与烟青虫幼虫的主要特征。体色变化多，大致分为黄白色型、黄色红斑型、灰褐色型、土黄色型、淡红色型、绿色型、黑色型、咖啡色型、绿褐色型等九种类型（图 6、图 7）。

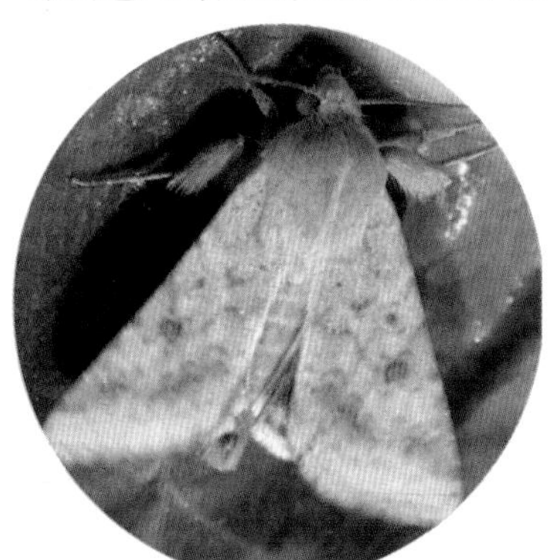

图 4　棉铃虫成虫

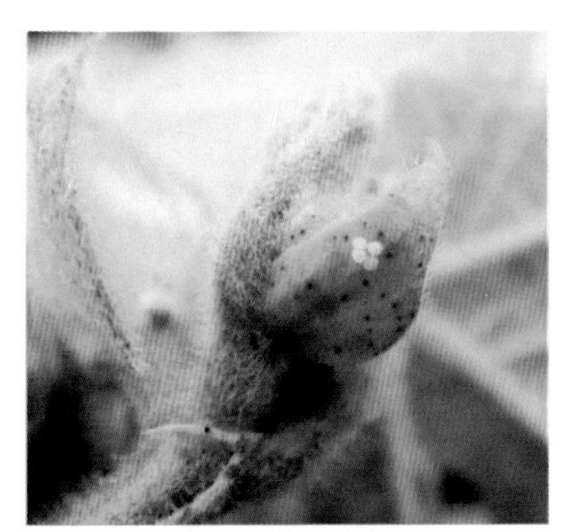

图 5　棉铃虫卵

图 6　黑色型棉铃虫幼虫

图 7　绿色型棉铃虫幼虫

（4）蛹：长 17~20 mm，纺锤形、黄褐色，5~7 腹节前缘密布比体色略深的刻点，尾端有臀刺 2 个（图 8）。

图 8　棉铃虫蛹

发生规律

棉铃虫在我国各地均有发生，一年发生 3~7 代。以滞育蛹在土下 3~10 cm 越冬，黄河流域棉区 4 月中旬至 5 月上旬气温 15 ℃以上时开始羽化。第 1 代主要为害小麦和春玉米等作物，第 2~4 代主要为害棉花、玉米、豆类、花生、番茄等作物，第 4 代还为害高粱、向日葵和越冬苜蓿等。卵多产在嫩叶和生长点，幼虫孵化后先食卵壳，随后为害取食嫩叶、幼蕾、幼嫩的花丝和雄花。幼虫共 6 龄，少数 5 龄或 7 龄。1、2 龄幼虫有吐丝下垂习性，3 龄后转移为害，4 龄后食量大增，取食大蕾、花、青铃、果穗。幼虫 3 龄前多在叶面活动为害，是施药防治的最佳时机，3 龄后多钻蛀到棉花蕾铃内部和玉米苞叶内，不易防治。末龄幼虫入土化蛹，土室具有保护作用，羽化后成虫沿原道爬出土面后展翅。各虫态发育最适温度为 25~28 ℃，相对湿度为 70%~90%。成虫有趋光性，对半枯萎的杨树枝把有很强的趋性。幼虫有自残习性。

防治措施

1. 农业防治　秋田收获后，及时深翻耙地、冬灌，可消灭大量越冬蛹；选用抗虫、耐虫品种。

2. 物理防治

（1）诱杀成虫：成虫发生期，集中连片应用频振式杀虫灯、450 W 高压汞灯、20 W 黑光灯、棉铃虫性诱剂诱杀成虫。

（2）诱集成虫：第 2、3 代棉铃虫成虫羽化期，可插萎蔫的杨树枝把诱集成虫，每亩 10~15 把，每天清晨日出之前集中捕杀成虫；在棉田边或插花种植春玉米、高粱、留种洋葱、胡萝卜等作物形成诱集带，可诱集棉铃虫产卵，集中杀灭。

3. 生物防治 在棉铃虫产卵盛期，人工释放赤眼蜂 3 次，每次间隔 5~7 d，放蜂量为每次每亩 1.2 万 ~1.4 万只，每亩均匀放置 5~8 个点。

棉铃虫卵始盛期，每亩 16 000 IU/mg 苏云金杆菌可湿性粉剂 100~150 g，或 10 亿个 /g 棉铃虫核型多角体病毒（NPV）可湿性粉剂 80~100 g 对水 40 kg 喷雾。

4. 化学防治 幼虫 3 龄前选用 50% 辛硫磷乳油 1 000~1 500 倍液，或 40% 毒死蜱乳油 1 000~1 500 倍液，或 4.5% 高效氯氰菊酯乳油 1 500~ 2 000 倍液，或 2.5% 溴氰菊酯乳油 1 500~2 000 倍液，均匀喷雾。

二十二、甜菜夜蛾

分布与为害

甜菜夜蛾又名贪夜蛾、玉米小夜蛾，属鳞翅目夜蛾科。该虫分布广泛，在我国各地均有发生。寄主植物有170余种，可为害甜菜、大豆、芝麻、花生、玉米、棉花、麻类、烟草、蔬菜等多种作物。

初孵幼虫群集叶背，吐丝结网，在网内取食叶肉，留下表皮，形成透明的小孔（图1）。3龄后分散为害，可将叶片吃成孔洞或缺刻（图2、图3），严重时仅剩叶脉和叶柄，造成幼苗死亡，缺苗断垄，甚至毁种，对产量影响大。

图1　甜菜夜蛾为害玉米叶片，仅剩透明表皮及小孔状

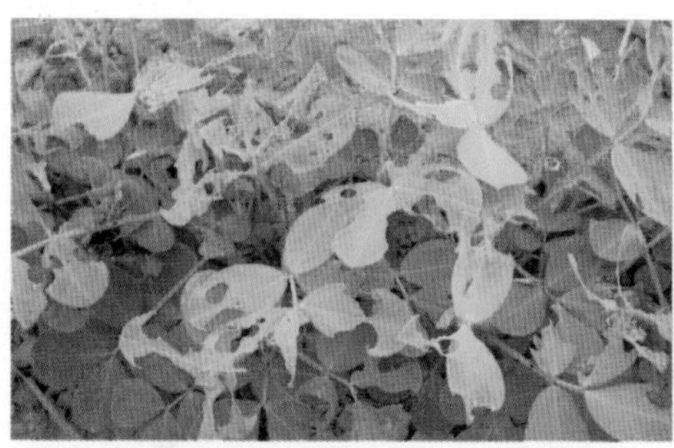

图2　甜菜夜蛾为害大豆叶片，呈缺刻

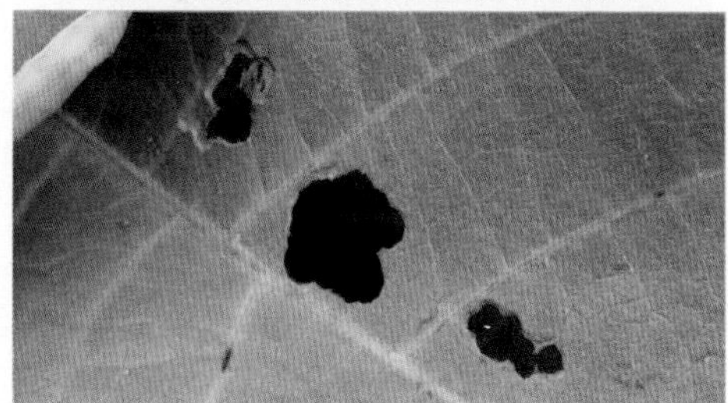

图3　甜菜夜蛾为害大豆叶片，呈孔洞

形态特征

（1）成虫：体长 8~10 mm，翅展 19~25 mm，灰褐色，头、胸有黑点。前翅中央近前缘外方有 1 个肾形斑，内方有 1 个土红色圆形斑。后翅银白色，翅脉及缘线黑褐色（图 4）。

（2）卵：圆球状，白色，成块产于叶面或叶背，每块 8~100 粒不等，排为 1~3 层，因外面覆有雌蛾脱落的白色茸毛，不能直接看到卵粒（图 5、图 6）。

图 4　甜菜夜蛾成虫

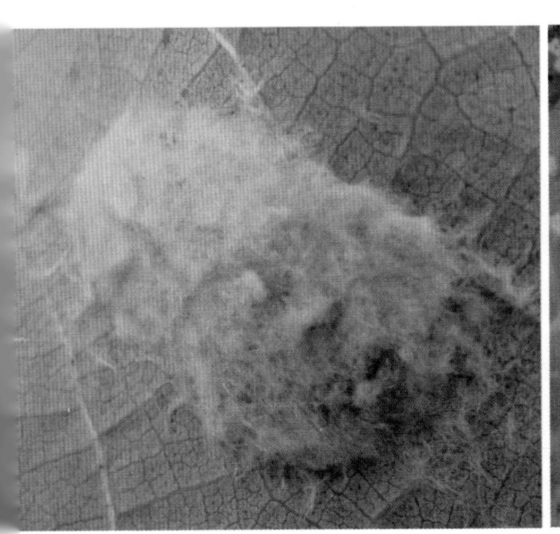

图 5　甜菜夜蛾卵（外面覆有绒毛）

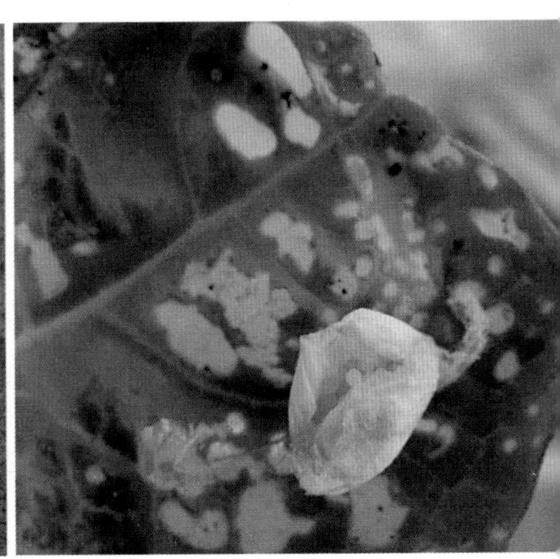

图 6　甜菜夜蛾卵

（3）幼虫：共 5 龄，少数 6 龄。末龄幼虫体长约 22 mm，体色变化很大，有绿色、暗绿色、黄褐色、褐色至黑褐色，背线有或无，颜色各异。腹部气门下线为明显的黄白色纵带，有时带粉红色，直达腹部末端，不弯到臀足上，这是区别于甘蓝夜蛾的重要特征，各节气门后上方具 1 个明显白点（图 7）。

（4）蛹：长 10 mm，黄褐色，中胸气门外突（图 8）。

图 7　甜菜夜蛾幼虫

图 8　甜菜夜蛾蛹

发生规律

甜菜夜蛾在黄河流域一年发生 4~5 代，长江流域一年 5~7 代，世代重叠。通常以蛹在土室内越冬，少数以老熟幼虫在杂草上及土缝中越冬，冬暖时仍见少量取食。亚热带和热带地区可周年发生，无越冬休眠现象。成虫昼伏夜出，白天隐藏在杂草、土块、土缝、枯枝落叶的浓阴处，夜间出来活动，有两个活动高峰期，即晚上 7~10 时和早上 5~7 时进行取食、交配、产卵，成虫趋光性强。卵多产于叶背面、叶柄部或杂草上，卵块 1~3 层排列，上覆白色茸毛。幼虫共 5 龄（少数 6 龄），3 龄前群集为害，但食量小，4 龄后食量大增，昼伏夜出，有假死性，虫口过大时，幼虫可互相残杀。幼虫转株为害常从下午 6 时以后开始，凌晨 3~5 时活动虫量最多。常年发生期为 7~9 月，南方如春季雨水少、梅雨明显提前、夏季炎热，则秋季发生严重。幼虫和蛹抗寒力弱，北方地区越冬死亡率高，间歇性局部猖獗为害。

防治措施

1.农业防治 秋末冬初耕翻可消灭部分越冬蛹；春季3~4月除草，消灭杂草上的低龄幼虫；结合田间管理，摘除叶背面卵块和低龄幼虫团，集中消灭。

2. 物理防治 成虫发生期，集中连片应用频振式杀虫灯、450 W高压汞灯、20 W 黑光灯、性诱剂诱杀成虫。

3.生物防治 保护、利用自然天敌，甜菜夜蛾天敌主要有草蛉、猎蝽、蜘蛛、步甲等；生物制剂防治，卵孵化盛期至低龄幼虫期每亩用5亿个/g甜菜夜蛾核型多角体病毒可湿性粉剂800~1 000 mL，或16 000 IU/mg苏云金杆菌可湿性粉剂50~100 g喷雾。

4. 化学防治 1~3 龄幼虫高峰期，用 20% 灭幼脲悬浮剂 800 倍液，或 5% 氟铃脲乳油 1 000 倍液，或 5% 氟虫脲分散剂 1 000~1 500 倍液，喷雾防治。甜菜夜蛾幼虫晴天傍晚 6 时后会向植株上部迁移。因此，应在傍晚喷药防治，注意叶面、叶背均匀喷雾，使药液能直接喷到虫体及其为害部位。

二十三、斜纹夜蛾

分布与为害

斜纹夜蛾又名莲纹夜蛾、斜纹夜盗蛾，属鳞翅目夜蛾科。我国各地均有分布，以长江流域和黄河流域发生严重。该虫食性杂，寄主植物广泛，在蔬菜上可为害甘蓝、白菜、莲藕、芋头、苋菜、马铃薯、茄子、辣椒、番茄、豆类、瓜类、菠菜、韭菜、葱类等，大田作物上主要为害甘薯、花生、大豆、芝麻、烟草、向日葵、甜菜、玉米、高粱、水稻、棉花等多种作物。

以幼虫为害作物的叶片、蕾、花和铃。低龄幼虫在叶背取食下表皮和叶肉，留下上表皮和叶脉形成窗纱状，有时可咬食蕾、花瓣和茎秆；高龄幼虫可蛀食果实，取食叶片形成孔洞和缺刻（图 1）。种群数量大时可将植株吃成光杆或仅留叶脉。

图 1　斜纹夜蛾为害叶片，呈孔洞或缺刻

形态特征

（1）成虫：体长 14~21 mm，展翅 33~42 mm。体深褐色，头、胸、腹褐色。前翅灰褐色，内外横线灰白色，有白色条纹和波浪纹，前翅环纹及肾纹白边。后翅半透明，白色，外缘前半部褐色（图 2、图 3）。

（2）卵：半球形，卵粒常常 3~4 层重叠成块，卵块椭圆形，上覆黄褐色茸毛。

（3）幼虫：老熟幼虫体长 38~51 mm，黄绿色，杂有白斑点，第 2、3 节两侧各有 2 个小黑点，第 3、4 节间有 1 条黑色横纹，横贯于亚背线及气门线间，第 10、11 节亚背线两侧各有 1 个黑点，气门线上亦有黑点（图 4、图 5）。

图 2　斜纹夜蛾成虫（正面）

图 3　斜纹夜蛾成虫（侧面）

图 4　斜纹夜蛾初孵幼虫

图 5　斜纹夜蛾幼虫

（4）蛹：赤褐色至暗褐色。腹部第 4 节背面前缘及第 5~7 节背、腹面前缘密布圆形刻点。气门黑褐色，呈椭圆形。腹端有臀棘 1 对，短，尖端不成钩状。

发生规律

斜纹夜蛾在长江流域一年发生 5~6 代，黄河流域一年发生 4~5 代，华南地区可终年繁殖。6~10 月为发生期，以 7~8 月为害严重。以蛹越冬，翌年 3 月羽化。成虫昼伏夜出，黄昏开始活动，对灯光、糖醋液、发酵的胡萝卜和豆饼等有强趋性。成虫有随气流迁飞习性，早春由南向北迁飞，秋天又由北向南迁飞。卵块上面覆盖茸毛。幼虫共 6 龄，老熟幼虫做土室或在枯叶下化蛹。啃食叶肉留下表皮呈窗纱透明状，能吐丝并随风扩散。2 龄后分散为害，3 龄后多隐藏于荫蔽处，4 龄后进入暴食期，当食料不足时有成群迁移的习性。斜纹夜蛾为喜温性害虫，最适温度为 28~30 ℃，抗寒力弱。水肥条件好、生长茂密田块发生严重。土壤干燥对其化蛹和羽化不利，大雨和暴雨对低龄幼虫和蛹均有不利影响。

防治措施

1. 农业防治 卵盛发期晴天上午 9 时前或下午 4 时后，迎着阳光人工摘除卵块或初孵“虫窝”。

2. 生物防治 利用自然天敌：斜纹夜蛾自然天敌主要有草蛉、猎蝽、蜘蛛、步甲等，作物田尽量少用化学农药，可减少对天敌的杀伤。利用生物制剂防治：卵孵化盛期至低龄幼虫期，每亩用 10 亿个 /g 斜纹夜蛾核型多角体病毒可湿性粉剂 800~1 000 倍液，或 100 亿孢子 /mL 短稳杆菌悬浮剂 800~1 000 倍液喷雾。

3. 物理防治 利用频振式杀虫灯、黑光灯、糖醋液或豆饼、甘薯发酵液诱杀成虫。

4. 化学防治 卵孵化盛期至低龄幼虫期，用 2.5% 溴氰菊酯乳油 2 000~3 000 倍液，或 48% 毒死蜱乳油 1 000 倍液，或 20% 灭幼脲悬浮剂 800 倍液，或 1.8% 阿维菌素乳油 1 000 倍液，均匀喷雾。由于斜纹夜蛾白天不活动，喷药应在午后和傍晚进行。

二十四、蝼蛄

分布与为害

蝼蛄又名地蝲，俗名蛐蛐，属直翅目蝼蛄科，发生较普遍的有油葫芦、大蟋蟀等数种。大蟋蟀是华南地区的主要地下害虫，而华北、华东和西南地区以油葫芦为主。蟋蟀是一种杂食性害虫，以成虫、若虫为害农作物的叶、茎、枝、果实、种子，有时也为害根部（如花生的嫩根），带有香甜滋味的植物受害重（图 1、图 2）。发生猖獗的地方可成灾害。

图 1　蟋蟀为害玉米叶片

图 2　蟋蟀为害玉米雌穗

形态特征

成虫（图 3）雄性体长 18.9~22.4 mm，雌性 20.6~24.3 mm，身体背面黑褐色，有光泽，腹面为黄褐色，头顶黑色，复眼内缘、头部及两颊黄褐色，前胸背板有两个月牙纹，中胸腹板后缘内凹。前翅淡褐色有光泽，后翅尖端纵折露出腹端很长，形如尾须。后足褐色强大，胫节具刺6对，具距6枚。卵长筒形，两端微尖，乳白色微黄。若虫（图4）共6龄，体背面深褐色，前胸背板月牙纹甚明显，雌、雄虫均具翅芽。

图3　蟋蟀成虫

图4　蟋蟀若虫

发生规律

蟋蟀一年发生1代，以卵在土中越冬。若虫共6龄，4月下旬至6月上旬若虫孵化出土，7~8月为大龄若虫发生盛期。8月初成虫开始出现，9月为发生盛期，10月中旬成虫开始死亡，个别成虫可存活到11月上中旬。成虫、若虫夜晚活动，平时好居暗处，夜间也扑向灯光。气候条件是影响蟋蟀发生的重要因素，通常4~5月雨水多，泥土湿度大，有利于若虫的孵化出土。5~8月降大雨或暴雨，不利于若虫的生存。

防治措施

1. 农业防治　冬春季耕翻地，将卵深埋于10 cm以下的土层，可降低卵的有效孵化率。

2. 物理防治

（1）灯光诱杀：用杀虫灯或黑光灯诱杀成虫。

（2）堆草诱杀：在田间或地头设置一定数量5~15 cm厚的草堆，

诱集若虫、成虫，集中捕杀。

3. 化学防治 可选用80%敌敌畏1 500~2 000倍液，或50%辛硫磷1 500~2 000倍液喷雾。或采取麦麸毒饵，用50 g上述药液加少量水稀释后拌5 kg麦麸，每亩地撒施1~2 kg；鲜草毒饵，用50 g药液加少量水稀释后拌20~25 kg鲜草撒施田间。因为蟋蟀活动性强，连片统一防治才能达到较好的效果。

二十五、蜗牛

分布与为害

蜗牛又名蜒蚰螺、水牛，为软体动物，主要有同型巴蜗牛和灰巴蜗牛两种，均为多食性，可为害十字花科、豆科、茄科蔬菜以及棉花、麻类、甘薯、谷类、桑树、果树、玉米（图1、图2）等多种作物。幼贝食量很小，初孵幼贝仅食叶肉，留下表皮（图3），稍大后以齿舌刮食叶、茎，形成孔洞或缺刻，甚至咬断幼苗，造成缺苗断垄。

图1　蜗牛为害玉米茎秆

图2　蜗牛为害玉米雌穗

图3　蜗牛为害玉米叶片，仅剩表皮呈白条状

症状特征

图4　灰巴蜗牛

灰巴蜗牛和同型巴蜗牛成螺的贝壳大小中等，壳质坚硬。

1. 灰巴蜗牛　壳较厚，呈圆球形，壳高18~21mm，宽20~23mm，有5.5~6个螺层，顶部几个螺层增长缓慢，略膨胀，体螺层急剧增长膨大；壳面黄褐色或琥珀色，常分布暗色不规则形斑点，并具有细致而稠密的生长线和螺纹。卵为圆球形，白色（图4）。

2. 同型巴蜗牛　壳质厚，呈扁圆球形，壳高11.5~12.5 mm，宽15~17 mm，有5~6层螺层，顶部几个螺层增长缓慢，略膨胀，螺旋部低矮，体螺层增长迅速、膨大；壳面黄褐色至灰褐色，有稠密而细致的生长线。体螺层周缘或缝合线处常有一条暗褐色条带，有些个体无。

发生规律

蜗牛属雌雄同体、异体交配的动物，一般一年繁殖1~3代。11月下旬以成贝和幼贝在田埂土缝、残株落叶、宅前屋后的砖块瓦片等物体下越冬。翌年3月上中旬开始活动；4月下旬至5月上旬成贝开始交配产卵，成贝一年可多次产卵，卵多产于潮湿疏松的土里或枯叶下，每只成贝可产卵50~300粒；6~9月活动最为旺盛，10月下旬开始下降。

蜗牛白天潜伏，傍晚或清晨取食，遇有阴雨天则整天栖息在植株上。卵表面具黏液，干燥后卵粒粘在一起成块状，初孵幼贝多群集在一起聚食，长大后分散为害，喜栖息在植株茂密低洼潮湿处。一般成贝存活2年以上，在阴雨多、湿度大、温度高的季节繁殖很快。蜗牛行动时分泌黏液，黏液遇空气干燥发亮，因此蜗牛爬行的地面留下黏液痕迹。

防治措施

1. 农业防治

（1）清洁田园：铲除田间、地头、垄沟旁边的杂草，及时中耕松土、排除积水等，破坏蜗牛栖息和产卵场所。

（2）深翻土地：秋后及时深翻土壤，可使部分越冬成贝、幼贝暴露于地面冻死或被天敌啄食，卵则被晒爆裂而死。

（3）石灰隔离：地头或行间撒 10 cm 左右宽的生石灰带，每亩用生石灰 5~7.5 kg，使越过石灰带的蜗牛被杀死。

2. 物理防治　利用蜗牛昼伏夜出、黄昏为害的特性，在田间或保护地中（温室或大棚）放置瓦块、菜叶、树叶、杂草或扎成把的树枝，白天蜗牛常躲在其中，集中捕杀。

3. 化学防治

（1）毒饵诱杀：用多聚乙醛配制成含 2.5%~6% 有效成分的豆饼（磨碎）或玉米粉等毒饵，在傍晚时，均匀撒施在田垄上进行诱杀。

（2）撒颗粒剂：用 8% 灭蛭灵颗粒剂或 10% 多聚乙醛颗粒剂，每亩用 2 kg，均匀撒于田间进行防治。

（3）喷洒药液：当清晨蜗牛未潜入土时，用 70% 氯硝柳胺 1 000 倍液，或灭蛭灵、或硫酸铜 800~1 000 倍液，或氨水 70~100 倍液，或 1% 食盐水喷洒防治。

二十六、蛴螬

分布与为害

蛴螬（图 1）是鞘翅目金龟甲总科幼虫的总称，在我国为害最重的是大黑鳃金龟甲、暗黑鳃金龟甲和铜绿丽金龟甲。大黑鳃金龟甲国内除西藏尚未报道外，各省（区）均有分布。暗黑鳃金龟甲各省（区）均有分布，为长江流域及其以北旱作地区的重要地下害虫。铜绿丽金龟甲国内除西藏、新疆尚未报道外，其他各省（区）均有分布。另外，还有白星花金龟甲、小青花金龟甲等。

蛴螬食性很杂，可以为害多种农作物、牧草及果树和林木的幼苗。蛴螬取食萌发的种子，咬断幼苗的根、茎，断口整齐平截，轻则缺苗断垄，重则毁种绝收（图 2）。许多种类的成虫还喜食农作物和果树、

图 1　蛴螬

图 2　蛴螬为害玉米

林木的叶片、嫩芽、花蕾等，造成严重损失（图 3、图 4）。

图 4　小青花金龟甲为害玉米

图 3　白星花金龟甲为害玉米雌穗

形态特征

图 5　大黑鳃金龟甲成虫

1. 大黑鳃金龟　成虫（图 5）体长 16~22 mm，宽 8~11 mm。黑色或黑褐色，具光泽。触角 10 节，鳃片部 3 节呈黄褐色或赤褐色，其长度约为其后 6 节的长度。鞘翅长椭圆形，其长度为前胸背板宽度的 2 倍，每侧有 4 条明显的纵肋。前足胫节外齿 3 个，内方距 1 根；中、后足胫节末端距 2 根。臀节外露，背板向腹下包卷，与腹板相会合于腹面。雄性前臀节腹板中间具明显的三角形凹坑，雌性前臀节腹板中间无三角形凹坑，但具 1 个横向的枣红色菱形隆起骨片。卵初产时长椭圆形，长约 2.5 mm，宽约 1.5 mm，白色略带黄绿色光泽；发育后期近圆球形，长约 2.7 mm，宽约 2.2 mm，洁白有光泽。3 龄幼虫（图 6）体长 35~45 mm，头宽 4.9~5.3 mm。头部前顶刚毛每侧 3 根，其中冠缝侧 2 根，额缝上方近中部 1 根。肛腹板后覆毛区无刺毛列，只有钩状毛散乱排列，多为 70~80 根。蛹长 21~23 mm，宽 11~12 mm，化蛹初期为白色，以后变为

图6　大黑鳃金龟甲 3 龄幼虫

黄褐色至红褐色，复眼的颜色依发育进度由白色依次变为灰色、蓝色、蓝黑色至黑色。

2. 暗黑鳃金龟甲　成虫（图 7）体长 17~22 mm，宽 9.0~11.5 mm。长卵形，暗黑色或红褐色，无光泽。前胸背板前缘具有成列的褐色长毛。鞘翅伸长，两侧缘几乎平行，每侧 4 条纵肋不显。腹部臀节背板不向腹面包卷，与肛腹板相会合于腹末。卵初产时长约 2.5 mm，宽约 1.5 m，长椭圆形；发育后期近圆球形，长约 2.7 mm，宽约 2.2 mm。3 龄幼虫（图 8）体长 35~45 mm，头宽 5.6~6.1 mm。头部前顶刚毛每侧 1 根，位于

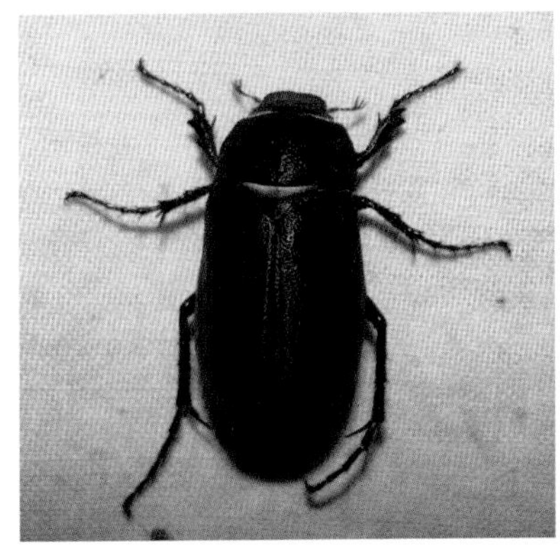

图7　暗黑鳃金龟甲成虫

图8　暗黑鳃金龟甲 3 龄幼虫

冠缝侧。肛腹板后部覆毛区无刺毛列，只有散乱排列的钩状毛 70~80 根。蛹长 20~25 mm，宽 10~12 mm，腹部背面具发音器 2 对，分别位于腹部 4、5 节和 5、6 节交界处的背面中央，尾节呈三角形，两尾角呈钝角分开。

图 9　铜绿丽金龟甲成虫

3. 铜绿丽金龟甲　成虫（图 9）体长 19~21 mm，宽 10~11.3 mm。背面铜绿色，其中头、前胸背板、小盾片色较浓，鞘翅色较淡，有金属光泽。唇基前缘、前胸背板两侧呈淡黄褐色。鞘翅两侧具不明显的纵肋 4 条，肩部具疣状突起。臀板三角形，黄褐色，基部有 1 个倒正三角形大黑斑，两侧各有 1 个小椭圆形黑斑。卵初产时椭圆形，长 1.65~1.93 mm，宽 1.30~1.45 mm，乳白色；孵化前呈圆球形，长 2.37~2.62 mm，宽 2.06~ 2.28 m，卵壳表面光滑。3 龄幼虫体长 30~33 mm，头宽 4.9~5.3 mm。头部前顶刚毛每侧 6~8 根，排成一纵列。肛腹板后部覆毛区刺毛列由长针状刺毛组成，每侧多为 15~18 根，两列刺毛尖端大多彼此相遇或交叉，仅后端稍许岔开些，刺毛列的前端远没有达到钩状刚毛群的前部边缘。蛹长 18~22 mm，宽 9.6~10.3 mm，体稍弯曲，腹部背面有 6 对发音器，臀节腹面上，雄蛹有 4 列的疣状突起，雌蛹较平坦，无疣状突起。

发生规律

大黑鳃金龟甲我国仅华南地区一年发生 1 代，以成虫在土中越冬；其他地区均是两年发生 1 代，成虫、幼虫均可越冬，但在两年 1 代区，存在不完全世代现象。在北方越冬成虫于春季 10 cm 土温上升到 14~15 ℃时开始出土，达 17 ℃以上时成虫盛发。5 月中下旬田间始见卵，6 月上旬至 7 月上旬为产卵盛期，末期在 9 月下旬。卵期 10~15 d，6

月上中旬开始孵化，盛期在6月下旬至8月中旬。孵化幼虫除极少一部分当年化蛹羽化，大部分当秋季10 cm土温低于10 ℃时，即向深土层移动，低于5 ℃时全部进入越冬状态。越冬幼虫翌年春季当10 cm土温上升到5 ℃时开始活动。大黑鳃金龟甲种群的越冬虫态既有幼虫又有成虫。以幼虫越冬为主的年份，翌年春季麦田和春播作物受害重，而夏秋作物受害轻；以成虫越冬为主的年份，翌年春季作物受害轻，夏秋作物受害重。出现隔年严重为害的现象，群众谓之“大小年”。

暗黑鳃金龟甲在江苏、安徽、河南、山东、河北、陕西等地均是一年发生1代，多数以3龄幼虫筑土室越冬，少数以成虫越冬。以成虫越冬的，成为翌年5月出土的虫源。以幼虫越冬的，一般春季不为害，于4月初至5月初开始化蛹，5月中旬为化蛹盛期。蛹期15~20 d，6月上旬开始羽化，盛期在6月中旬，7月中旬至8月上旬为成虫活动高峰期。7月初田间始见卵，盛期在7月中旬，卵期8~10 d，7月中旬开始孵化，7月下旬为孵化盛期。初孵幼虫即可为害，8月中下旬为幼虫为害盛期。

铜绿丽金龟甲一年发生1代，以幼虫越冬。越冬幼虫在春季10 cm土温高于6 ℃时开始活动，3~5月有短时间为害。在安徽、江苏等地越冬幼虫于5月中旬至6月下旬化蛹，5月底为化蛹盛期。成虫出现始期为5月下旬，6月中旬进入活动盛期。产卵盛期在6月下旬至7月上旬。7月中旬为卵孵化盛期，孵化幼虫为害至10月中旬。当10 m土温低于10 ℃时，开始下潜越冬。越冬深度大多在20~50 cm。室内饲养观察表明，铜绿丽金龟甲的卵期、幼虫期、蛹期和成虫期分别为7~13 d、313~333 d、7~11 d和25~30 d。在东北地区，春季幼虫为害期略迟，盛期在5月下旬至6月初。

防治措施

1. 农业防治　大面积秋耕、春耕，并随犁拾虫，腐熟厩肥，以降低虫口数量；在蛴螬发生严重的地块，合理灌溉，促使蛴螬向土层深处转移，避开幼苗最易受害时期。

2. 物理防治　使用频振式杀虫灯连片规模设置，防治成虫效果极佳。一般 6 月中旬开始开灯，8 月底撤灯，每日开灯时间为晚上 9 时至次日凌晨 4 时。

3. 化学防治

（1）土壤处理：每亩用 50% 辛硫磷乳油 200~250 g，对 10 倍水，喷于 25~30 kg 细土中拌匀成毒土，顺垄条施，随即浅锄，能收到良好效果，并兼治金针虫和蝼蛄等地下害虫。

（2）种子处理：拌种用的药剂主要有 50% 辛硫磷，其重量比一般为药剂：水：种子 = 1：（30~40）：（400~500），也可用 25% 辛硫磷胶囊剂，或用种子重量 2% 的 35% 克百威种衣剂拌种，亦能兼治金针虫和蝼蛄等地下害虫。

（3）沟施毒谷：每亩用 25% 辛硫磷胶囊剂 150~200 g 拌谷子等饵料 5 kg 左右，或 50% 辛硫磷乳油 50~100 g 拌饵料 3~4 kg，撒于种沟中，兼治蝼蛄和金针虫等地下害虫。

二十七、蝼蛄

分布与为害

蝼蛄又称大蝼蛄、拉拉蛄、地拉蛄。对农作物为害严重的蝼蛄在我国主要有两种，即华北蝼蛄和东方蝼蛄，均属直翅目蝼蛄科。华北蝼蛄分布在北纬 32° 以北地区，东方蝼蛄主要分布在我国北方各地。

蝼蛄以成虫、若虫咬食各种作物的种子和幼苗，特别喜食刚发芽的种子，造成严重缺苗、断垄；也咬食幼根和嫩茎，扒成乱麻状或丝状，使幼苗生长不良甚至死亡。特别是蝼蛄在土壤表层善爬行，往来乱窜，隧道纵横，造成种子架空，幼苗吊根，导致种子不能发芽，幼苗失水而死。

形态特征

1. 华北蝼蛄　成虫（图 1）雌虫体长 45~50 mm，最大可达 66 mm，

图 1　华北蝼蛄成虫

头宽 9 mm；雄虫体长 39~45 mm，头宽 5.5 mm。体黑褐色，密被细毛，腹部近圆筒形。前足腿节下缘呈“S”形弯曲，后足胫节内上方有刺 1~2 根（或无刺）。卵椭圆形，卵初产时黄白色，后变为黄褐色，孵化前呈深灰色。若虫共 13 龄，初龄体长 3.6~4 mm，末龄体长 36~40 mm。初孵化若虫头、胸特别细，腹部很肥大，全身乳白色，复眼淡红色，以后颜色逐渐加深，5~6 龄后基本与成虫体色相似。

2. 东方蝼蛄 成虫（图 2）雌虫体长 31~35 mm，雄虫 30~32 mm，体黄褐色，密被细毛，腹部近纺锤形。前足腿节下缘平直，后足胫节内上方有等距离排列的刺 3~4 根（或 4 根以上）。卵椭圆形，卵初产时乳白色，渐变为黄褐色，孵化前为暗紫色。若虫（图 3）初龄体长约 4 mm，末龄体长约 25 mm。初孵若虫头、胸特别细，腹部很肥大，全身乳白色，复眼淡红色，腹部红色或棕色，半天以后，头、胸、足逐渐变为灰褐色，腹部淡黄色，2、3 龄以后若虫体色接近成虫。

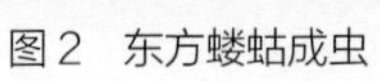
图 2 东方蝼蛄成虫

图 3 东方蝼蛄若虫

发生规律

华北蝼蛄三年左右才能完成 1 代。在北方以 8 龄以上若虫或成虫越冬，翌年春季 3 月中下旬成虫开始活动，4 月出窝转移，地表出现大量虚土隧道（图 4）。6 月开始产卵，6 月中下旬孵化为若虫，进

图4　蝼蛄隧道

入 10~11 月以 8~9 龄若虫越冬。该虫完成 1 代共 1 131d，其中卵期 11~23 d，若虫 12 龄历期 736 d，成虫期 378 d。黄淮海地区 20 cm 土温达 8 ℃的 3~4 月即开始活动，交配后在土中 15~30 cm 处做土室，卵产在土室中，产卵期 1 个月；产卵 3~9 次，每只雌虫平均产卵量 288~368 粒。成虫夜间活动，有趋光性。

东方蝼蛄在北方地区两年发生 1 代，在南方一年发生 1 代，以成虫或若虫在地下越冬。清明后上升到地表活动，在洞口可顶起一小堆虚土。5 月上旬至 6 月中旬是蝼蛄最活跃的时期，也是第一次为害高峰期；6 月下旬至 8 月下旬，天气炎热，转入地下活动，6~7 月为产卵盛期；9 月气温下降时，再次上升到地表，形成第二次为害高峰；10 月中旬以后，陆续钻入深层土中越冬。蝼蛄昼伏夜出，以夜间 9~11 时活动最盛，特别在气温高、湿度大、闷热的夜晚，大量出土活动。早春或晚秋因气候凉爽，仅在表土层活动而不到地面上，在炎热的中午常潜至深土层。蝼蛄具趋光性，并对香甜物质具有强烈趋性。成虫、若虫均喜松软潮湿的壤土或沙壤土，20 cm 表土层含水量 20% 以上最适宜，含水量小于 15% 时活动减弱。当气温为 12.5~19.8 ℃、20 cm 土温为 15.2~19.9 ℃时，对蝼蛄最适宜，温度过高或过低时，蝼蛄则潜入深层土中。

防治措施

1. 农业防治 秋收后深翻土地，降低越冬若虫基数。

2. 物理防治 使用频振式杀虫灯进行诱杀。

3. 化学防治

（1）土壤处理：每亩用 50% 辛硫磷乳油 200~250 g，对 10 倍水，喷于 25~30 kg 细土拌匀成毒土，顺垄条施，随即浅锄，或以同样用量的毒土撒于种沟或地面，随即耕翻，或混入厩肥中施用，或结合灌水施入；或用 5% 辛硫磷颗粒剂，每亩用 2.5~3 kg 处理土壤，都能收到良好效果，并兼治金针虫和蛴螬。

（2）种子处理：用 50% 辛硫磷乳油 100 mL，对水 2~3 kg，拌玉米种 40 kg，拌后堆闷 2~3 h，对蝼蛄、蛴螬、金针虫的防效均好。

（3）毒饵防治：每亩按重量比 1：5 用 50% 杀螟丹可溶性粉剂拌炒香的麦麸，加适量水拌成毒饵，于傍晚撒于地面。

二十八、金针虫

分布与为害

金针虫是鞘翅目叩头甲科的幼虫，又称叩头虫、沟叩头甲、土蛐蜒、芨芨虫、钢丝虫。我国为害农作物最主要的是沟金针虫、细胸金针虫和褐纹金针虫。沟金针虫分布在我国的北方； 细胸金针虫主要分布在黑龙江、内蒙古、新疆、福建、湖南、贵州、广西、云南。褐纹金针虫主要分布在华北、东北、西北及河南等地。

三种金针虫的寄主有各种农作物、果树及蔬菜等。幼虫在土中取食播种下的种子、萌出的幼芽、农作物和菜苗的根部（图 1），使作物枯萎致死，造成缺苗断垄，甚至全田毁种（图 2）。有的钻蛀块茎或种子，蛀成孔洞，致受害株干枯死亡。

图 1　金针虫为害玉米根部

图 2　金针虫为害玉米致缺苗断垄

形态特征

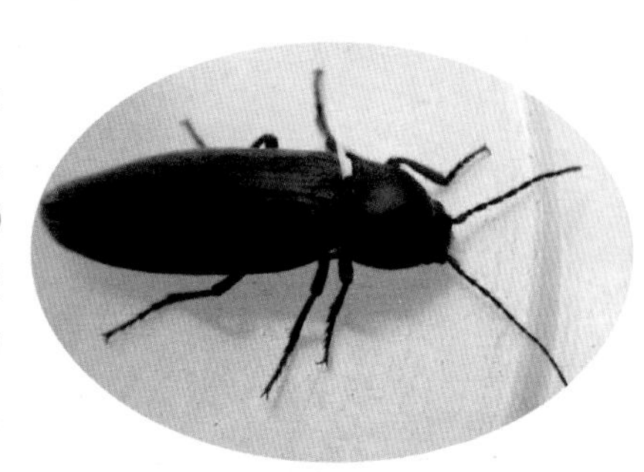
图3　沟金针虫雌成虫

1. 沟金针虫　成虫深栗色。全体被黄色细毛。头部扁平，头顶呈三角形凹陷，密布刻点。雌成虫（图3）体长14~17 mm，宽约5 mm，体形较扁；雄成虫体长14~18 mm，宽约3.5 mm，体形窄长。雌成虫触角11节，略呈锯齿状，长约为前胸的2倍。雄成虫触角12节，丝状，长及鞘翅末端；雌成虫前胸较发达，背面呈半球状隆起，前狭后宽，宽大于长，密布刻点，中央有微细纵沟，后缘角向后方突出，鞘翅长约为前胸的4倍，其上纵沟不明显，密生小刻点，后翅退化。雄成虫鞘翅长约为前胸的5倍，其上纵沟明显，有后翅。卵近椭圆形，乳白色。老熟幼虫（图4）体长20~30 mm，细长筒形略扁，体壁坚硬而光滑，具黄色细毛，尤以两侧较密。体黄色，前头和口器暗褐色，头扁平，上唇呈三叉状突起，胸、腹部背面中央有1条细纵沟。尾端分叉，并稍向上弯曲，各叉内侧有1枚小齿。各体节宽大于长，从头部至第9腹节渐宽。

2. 细胸金针虫　成虫（图5）体长8~9 mm，宽约2.5 mm。暗褐色，被灰色短毛，并有光泽。触角红褐色，第2节球形。前胸背板略呈圆形，

图4　沟金针虫幼虫

图5　细胸金针虫成虫

图6 细胸金针虫幼虫

长大于宽，鞘翅长为头胸部的2倍，上有9条纵列刻点。卵乳白色，圆形。末龄幼虫（图6）体长约32 mm，宽约1.5 mm，细长圆筒形,淡黄色,光亮。头部扁平，口器深褐色。第1胸节较第2、3节稍短。第1~8腹节略等长，尾节圆锥形，近基部两侧各有1个褐色圆斑和4条褐色纵纹，顶端具1个圆形突起。

3. 褐纹金针虫 成虫体长9 mm，宽2.7 mm，体细长，黑褐色，被灰色短毛；头部黑色，向前凸，密生刻点；触角暗褐色，第2、3节近球形，第4节较第2、第3节长。前胸背板黑色，刻点较头上的小，后缘角后突。鞘翅长为胸部2.5倍，黑褐色，具纵列刻点9条，腹部暗红色，足暗褐色。末龄幼虫体长25 mm，宽1.7 mm，体圆筒形细长，棕褐色具光泽。第1胸节、第9腹节红褐色。头梯形扁平，上生纵沟并具小刻点，体背具微细刻点和细沟，第1胸节长，第2胸节至第8腹节各节的前缘两侧，均具深褐色新月形斑纹。尾节扁平且尖，尾节前缘具半月形斑2个，前部具纵纹4条，后半部具皱纹且密生粗大刻点。幼虫共7龄。

发生规律

沟金针虫两三年发生1代，以幼虫和成虫在土中越冬。在北京，3月中旬10 cm土温平均为6.7 ℃时，幼虫开始活动；3月下旬土温达9.2 ℃时，开始为害，4月上、中旬土温为15.1~16.6 ℃时为害最烈。5月上旬土温为19.1~23.3 ℃时，幼虫则渐趋13~17 cm深土层栖息；6月10 cm土温达28℃以上时，沟金针虫下潜至深土层越夏。9月下旬至10月上旬，土温下降到18 ℃左右时，幼虫又上升到表土层活动。10月下旬随土温下降幼虫开始下潜，至11月下旬10 cm土温平均为1.5 ℃时，沟金针虫潜于27~33 cm深的土层越冬。雌成虫无飞翔能力，雄成虫善飞，有趋光性。白天潜伏于表土内，夜间出土交配、产卵。由于沟金针虫雌成虫活动能力弱，一般多在原地交尾产卵，故扩散为害受到限制，因此在虫口高的田内一次防治后，在短期内种群密度不易回升。

细胸金针虫在陕西两年发生 1 代。据西北农林科技大学报道，在室内饲养发现细胸金针虫有世代多态现象。冬季以成虫和幼虫在土下 20~40 cm 深处越冬，翌年 3 月上中旬，10 cm 土温平均 7.6~11.6 ℃时，成虫开始出土活动，4 月中下旬土温 15.6 ℃左右为活动盛期，6 月中旬为末期。成虫寿命 199.5~353 d，但出土活动时间只有 75 d 左右。成虫白天潜伏土块下或作物根茬中，傍晚活动。成虫出土后 1~2 h 内，为交配盛期，可多次交配。产卵前期约 40 d，卵散产于表土层内。每只雌虫产卵 5~70 粒。产卵期 39~47 d，卵期 19~36 d，幼虫期 405~487 d。幼虫老熟后在 20~30 cm 深处做土室化蛹，预蛹期 4~11 d，蛹期 8~22 d，6 月下旬开始化蛹，直至 9 月下旬。成虫羽化后即在土室内蛰伏越冬。

褐纹金针虫在陕西三年发生 1 代，以成虫、幼虫在 20~40 cm 土层里越冬。翌年 5 月上旬平均土温 17℃时越冬成虫开始出土，成虫活动适温为 20~27 ℃，下午活动最盛，把卵产在麦根 10 cm 处。成虫寿命 250~300 d，5~6 月进入产卵盛期，卵期 16 d。翌年以 5~7 龄幼虫越冬，第三年以 7 龄幼虫在 7~8 月于 20~30 cm 深处化蛹，蛹期 17 d 左右，成虫羽化后在土中即行越冬。

防治措施

1. 农业防治 大面积秋耕、春耕，并随犁拾虫，施腐熟厩肥，合理灌水，以降低虫口数量。

2. 化学防治

（1）土壤处理：每亩用 50% 辛硫磷乳油 200~250 g，对 10 倍水，喷于 25~30 kg 细土中拌匀成毒土，顺垄条施，随即浅锄，能收到良好效果，并兼治蛴螬和蝼蛄等地下害虫。

（2）种子处理：拌种用的药剂主要有 50% 辛硫磷，其重量比一般为药剂：水：种子 =1：（30~40）：（400~500），也可用 25% 辛硫磷胶囊剂，或用种子重量 2% 的 35% 克百威种衣剂拌种，亦能兼治蛴螬和蝼蛄等地下害虫。

（3）沟施毒谷：每亩用25%辛硫磷胶囊剂150~200 g拌谷子等饵料5 kg左右，或50%辛硫磷乳油50~100 g拌饵料3~4 kg，撒于种沟中，兼治蛴螬和蝼蛄等地下害虫。

二十九、地老虎

分布为害

地老虎又名土蚕、地蚕、黑土蚕、黑地蚕，属鳞翅目夜蛾科，主要种类有小地老虎、黄地老虎、大地老虎和八字地老虎等。小地老虎在我国各地均有发生，黄地老虎主要分布在西北和黄河流域。食性较杂，可为害棉花、玉米、烟草、芝麻、豆类和多种蔬菜等春播作物，也取食藜、小蓟等杂草，是多种作物苗期的主要害虫。

幼虫在土中咬食种子、幼芽，老龄幼虫可将幼苗茎基部咬断（图 1），造成缺苗断垄（图 2），1、2 龄幼虫啃食叶肉，残留表皮呈窗孔状。子叶受害，可形成很多孔洞或缺刻。棉苗生长点被咬断，形成“多头棉”或“公棉”，开花结铃少且迟。1 只地老虎幼虫可为害 3~5 株幼苗，多的达 10 株以上。

图 1　地老虎幼虫咬断玉米苗茎基部

图 2　地老虎幼虫为害玉米苗造成缺苗断垄

症状特征

1. 小地老虎 成虫（图 3）体长 17~23 mm，灰褐色，前翅有肾形斑、环形斑和棒形斑。肾形斑外边有 1 个明显的尖端向外的楔形黑斑，亚缘线上有 2 个尖端向里的楔形斑，3 个楔形斑相对，易识别。老熟幼虫（图 4）体长 37~50 mm，头部褐色，有不规则褐色网纹，臀板上有 2 条深褐色纵纹。蛹体长 18~24 mm，第 4~7 节腹节基部有一圈刻点，在背面的大而深，末端具 1 对臀刺。

图 3 小地老虎成虫

图 4 小地老虎幼虫

2. 黄地老虎 成虫（图 5）体长 14~19 mm，前翅黄褐色，有 1 个明显的黑褐色肾形斑和黄色斑纹。老熟幼虫体长 33~45 mm，头部深黑褐色，有不规则的深褐色网纹，臀板有 2 个大块黄褐色斑纹，中央断开，有分散的小黑点。

3. 大地老虎 成虫（图 6）体长 25~30 mm，前翅前缘棕黑色，

图 5 黄地老虎成虫

图 6 大地老虎成虫

其余灰褐色，有棕黑色的肾状斑和环形斑。老熟幼虫体长 41~60 mm，黄褐色，体表多皱纹，臀板深褐色，布满龟裂状纹。

发生规律

小地老虎在黄河流域一年发生 3~4 代，长江流域一年发生 4~6 代，以幼虫或蛹越冬，黄河以北不能越冬。卵产在土块、地表缝隙、土表的枯草茎和根须上以及农作物幼苗和杂草叶片的背面。1 代卵孵化盛期在 4 月中旬，4 月下旬至 5 月上旬为幼虫盛发期，阴凉潮湿、杂草多、湿度大棉田虫量多，发生重。

黄地老虎在西北地区一年发生 2~3 代，黄河流域一年发生 3~4 代，以老熟幼虫在土中越冬，翌年 3~4 月化蛹，4~5 月羽化，成虫发生期比小地老虎晚 20~30 d，5 月中旬进入 1 代卵孵化盛期，5 月中下旬至 6 月中旬进入幼虫为害盛期。黄地老虎只有第 1 代幼虫为害秋苗。一般在土壤黏重、地势低洼和杂草多的作物田发生较重。

大地老虎在我国一年发生 1 代，以幼虫在土中越冬，翌年 3~4 月出土为害，4~5 月进入为害盛期，9 月中旬后化蛹羽化，在土表和杂草上产卵，幼虫孵化后在杂草上生活一段时间后越冬，其他习性与小地老虎相似。

防治措施

1. 农业防治 播前精细整地，清除杂草，苗期灌水，可消灭部分害虫。

2. 物理防治 成虫发生期用杀虫灯、黑光灯、杨树枝把、新鲜的桐树叶和糖醋液［糖：醋：酒：水（重量比）= 6 ∶ 3 ∶ 1 ∶ 10］等方法可诱杀地老虎成虫。

3. 生物防治 地老虎的主要天敌有寄生蜂、步甲、虎甲等，应保护利用天敌。

4. 化学防治 播种时用 50% 辛硫磷乳油以种子量的 0.3% 拌种或以药土比 1∶200 拌细土，每公顷撒施 500 kg 药土，然后翻耕；地老虎幼虫发生期，用 90% 晶体敌百虫 100 g 对水 1 000 g 混匀后喷洒在 5 kg

炒香的麦麸或砸碎炒香的棉籽饼上拌匀，配制成毒饵，傍晚顺垄撒施在幼苗附近可诱杀幼虫。低龄幼虫发生期，用90%晶体敌百虫1 000倍液，或40%辛硫磷乳油1 500倍液，或20%氰戊菊酯乳油1 500~ 2 000倍液喷雾。注意，辛硫磷浓度不能低于1 000倍液，避免产生药害。

鲢鱼 鳙鱼

草鱼 青鱼

鲮鱼 鲤鱼

鲫鱼 团头鲂

斑点叉尾鮰鱼

罗非鱼

泥鳅

黄鳝

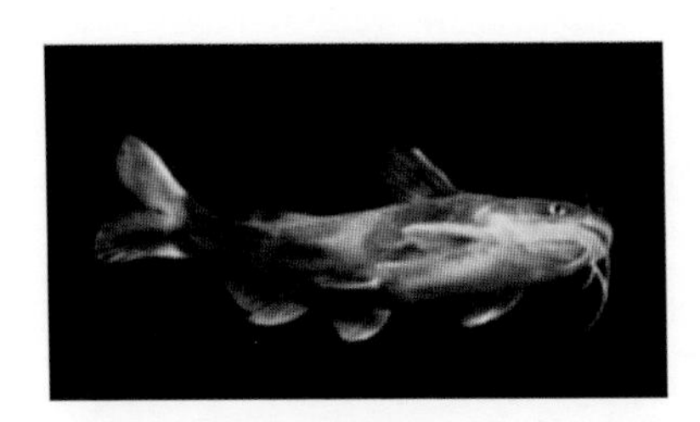

黄颡鱼

乌鳢

鳜鱼

翘嘴红鲌

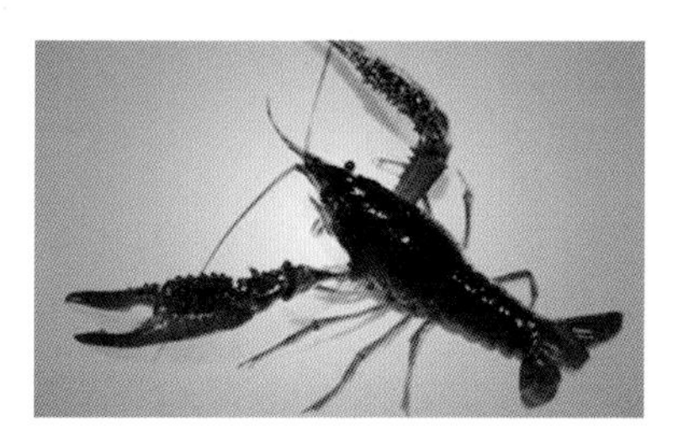

小龙虾

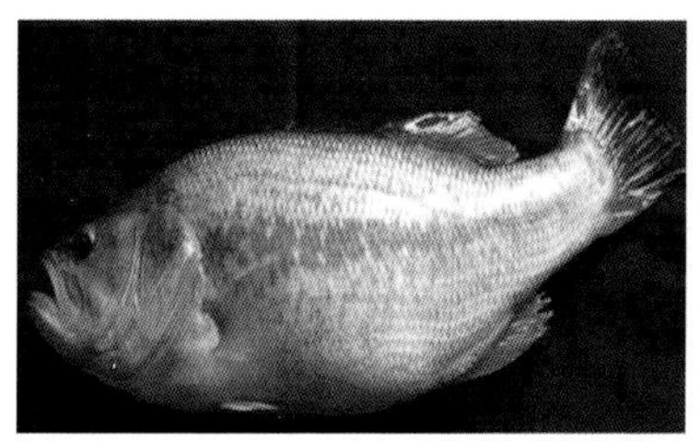

加州鲈鱼

鲤鱼出血病（示 肠道出血）

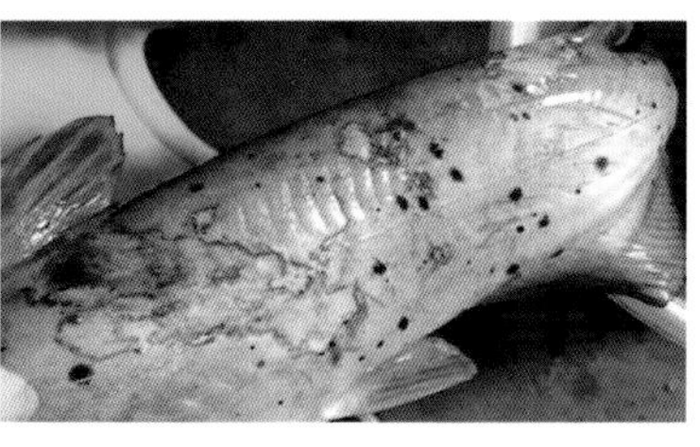

鮰鱼腐皮病

草鱼出血病

鲤鱼痘疮病

鲫鱼造血器官坏死病

患竖鳞病鲤鱼

鮰鱼肠套叠病

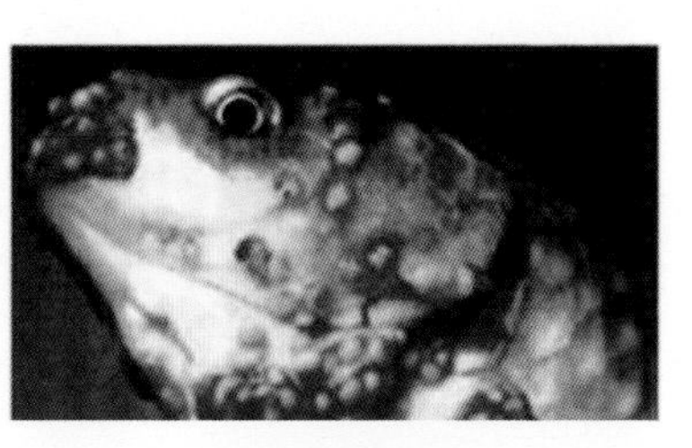

圆形碘孢虫病

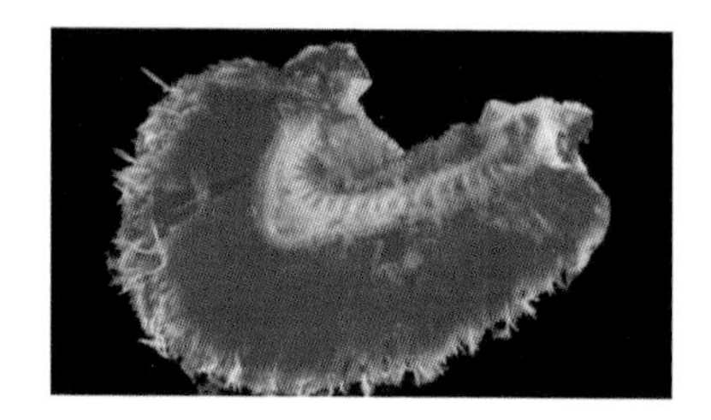

中华鳋病

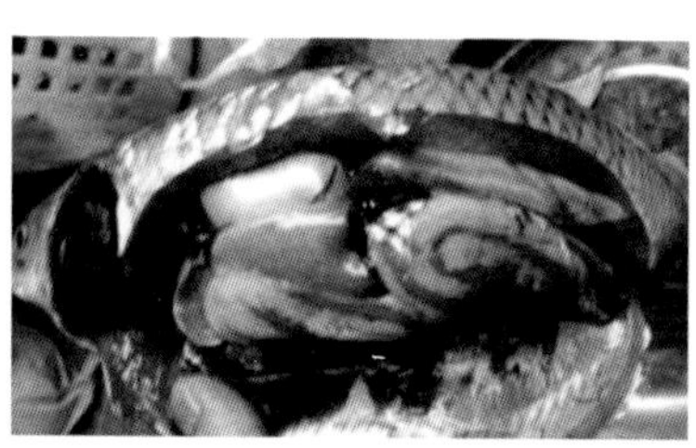

鱼类肝胆综合征

团头鲂烂鳃病

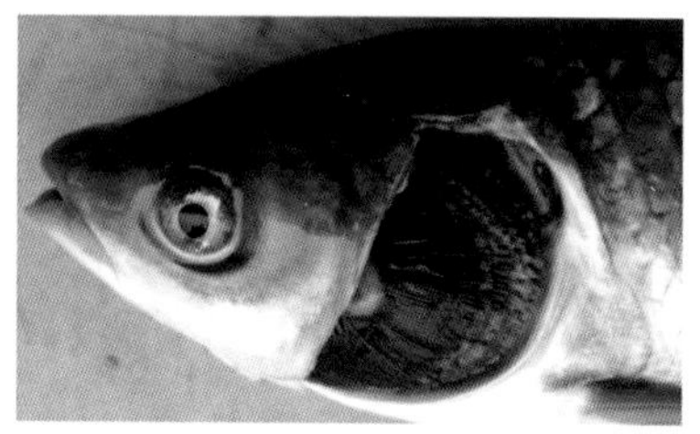

鱼类烂鳃病

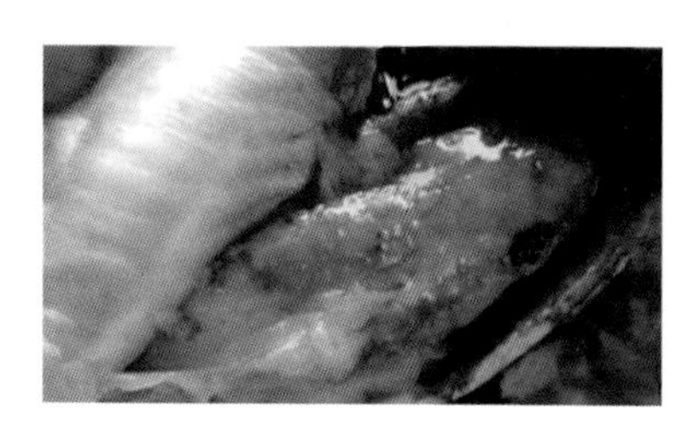

患诺卡氏菌病加州鲈鱼的肝脏

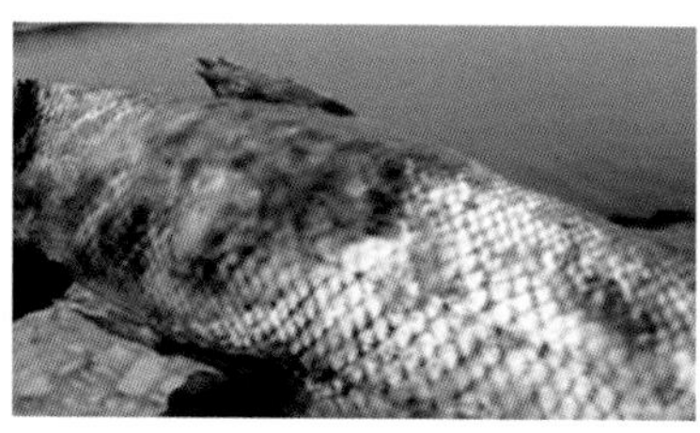

水霉病